AF544160

EUL
VERLAG

Patrick Siegfried

Trendentwicklung und strategische Ausrichtung von KMUs

Bibliografische Information der Deutschen Nationalbibliothek

Die Deutsche Nationalbibliothek verzeichnet diese Publikation in der Deutschen Nationalbibliografie; detaillierte bibliografische Daten sind im Internet über <http://dnb.d-nb.de> abrufbar.

ISBN 978-3-8441-0395-3
1. Auflage April 2015

© JOSEF EUL VERLAG GmbH, Lohmar – Köln, 2015
Alle Rechte vorbehalten

JOSEF EUL VERLAG GmbH
Brandsberg 6
53797 Lohmar
Tel.: 0 22 05 / 90 10 6-6
Fax: 0 22 05 / 90 10 6-88
E-Mail: info@eul-verlag.de
http://www.eul-verlag.de

Bei der Herstellung unserer Bücher möchten wir die Umwelt schonen. Dieses Buch ist daher auf säurefreiem, 100% chlorfrei gebleichtem, alterungsbeständigem Papier nach DIN 6738 gedruckt.

Ich widme diese Publikation meinen Töchtern

Kira Siegfried,

Svea Siegfried,

und Nora Siegfried,

die mir die Kraft gegeben haben,

diese Arbeit zu schreiben.

Vorwort

Kleine und mittlere Unternehmen (KMU) bestimmen in Industriegesellschaften mit Masse die wirtschaftliche Struktur.[1] Über 99 Prozent der Unternehmen in Europa sind den KMU zuzuordnen; in Deutschland sind ihnen knapp 70 Prozent der Arbeitsplätze zugeordnet.[2] Startups – als eine Untergruppe der KMU, haben keine hohe Anzahl an Mitarbeitern und geringe Ressourcen. Trotz der einzelnen geringen Größe repräsentieren sie insgesamt einen großen Wirtschaftsfaktor mit hoher Innovationskraft. Sie sind ein bedeutender Faktor für die Wirtschaft.[3] Für Investoren, wie z. B. den Business-Angels stellen diese Startups eine interessante Kapitalinvestition dar. Auch für die wirtschaftspolitische Betrachtung in der Europäischen Union und vieler Ihrer Mitgliedsstaaten sind sie eine zu berücksichtigende Größe.[4] Aufgrund vieler Studien, die belegen, dass diese Startups sehr gefährdet sind, ist, die Untersuchung von Problemen in der Wachstumsphase ein wichtiges Forschungsziel.[5] Die Gefahr früh zu scheitern ist gerade am Anfang sehr hoch.[6] Die Scheiter Quoten von Startups beträgt in Deutschland 40 Prozent im Gründungsjahr und 90 Prozent in den nachfolgenden zehn Jahren.[7] Daher ist es für die Wirtschafts- und Arbeitsmarktpolitik ein Anliegen die Probleme der Jungunternehmer zu analysieren.[8]

Mainz, 26.03.2015 Patrick Siegfried

---

[1] Vgl. Brüderl et al. (1996), S. 11.
[2] Vgl. IfM-Institut für Mittelstandsforschung Bonn (2009a).
[3] Vgl. KfW-Gründungsmonitor (2008), S. 10.; Schwarz/Grieshuber (2003), S. 1.; OECD (2002), S. 84 ff.
[4] Vgl. dazu www.foerderdatenbank.de oder www.foerderinfo.bund.de.
[5] Vgl. Frank et al. (2002), S. 5.
[6] Vgl. Kirchhoff/Acs (1997), S. 167.
[7] Vgl. Creditreform (2008), S. 13 ff.; Timmons/Spinelli (1999), S. 52 ff.
[8] Vgl. Cooper et al. (1994), S. 371 ff.

I Inhaltsverzeichnis

II Abbildungsverzeichnis

Seite

III Tabellenverzeichnis

1 KMU - Kleine und Mittlere Unternehmen

In der betriebswirtschaftlichen Literatur werden kleine und mittlere Unternehmen oft von Großunternehmen als eigenes Untersuchungsobjekt mit abgrenzbaren Einheiten betrachtet.[9] Eine Unterscheidung von KMU und Großunternehmen wird in einer größenspezifischen Klassifizierung vorgenommen.[10] Bei der Unterscheidung innerhalb der KMU gibt es Unterscheidungen nach der Anzahl der Mitarbeiter und des Jahresumsatzes, siehe **Tabelle 1**. Diese quantitative Abgrenzung wird von der Europäischen Kommission in ihrer aktuell gültigen Empfehlung 2003/361/EG gegeben. Bei der Beurteilung der Betriebsgröße sind vier Merkmale ausschlaggebend: die Mitarbeiteranzahl, der Umsatz, die Bilanzsumme und ein Maß an Unabhängigkeit. KMU die dieser Definition entsprechen wollen, dürfen nur bis zu 25 Prozent im Besitz von Großunternehmen liegen. Die Problematik in der vorliegenden Arbeit liegt in Tatsache, dass in zahlreichen Untersuchungen die Unternehmensklasse der KMU als eine Einheit betrachtet wird.[11]

Kategorie	**Anzahl der Mitarbeiter**	**Jahresumsatz in Mio. EUR**	**Jahresbilanzsumme in Mio. EUR**
Mittleres Unternehmen	**< 250**	**≤ 50**	**≤ 43**
Kleines Unternehmen	**< 50**	**≤ 10**	**≤ 10**
Kleinstunternehmen	**< 10**	**≤ 2**	**≤ 2**

Tab.1: Größenklassen KMU[12]

[9] Vgl. Kotey/Folker (2007), S. 214 ff.; Zaunmüller (2005), S. 22 ff.; Koenig (2004), S. 27 ff.
[10] Vgl. Frey (2002), S. 54 ff.
[11] Vgl. Frey (2002), S. 54 f.
[12] Auszug aus Artikel 2 des Anhangs zur Empfehlung (2003)/361/EG.

Gemäß dem **Institut für Mittelstandsforschung** zählen zu KMU all diejenigen Unternehmen, die weniger als 500 Beschäftigte haben und weniger als 50 Mio. Euro Umsatz pro Jahr tätigen. Ein Unternehmen ist dabei klein mit bis zu neun Beschäftigten und einem Umsatz unter einer Mio. Euro pro Jahr.[13] Dadurch ergeben sich die KMU-Anteile in Deutschland im Jahre 2009 nach den zwei möglichen Definitionen, wie sie in der folgenden **Abbildung 1** anhand der Ergebnisse des Unternehmensregisters des Statistischen Bundesamtes dargestellt werden.

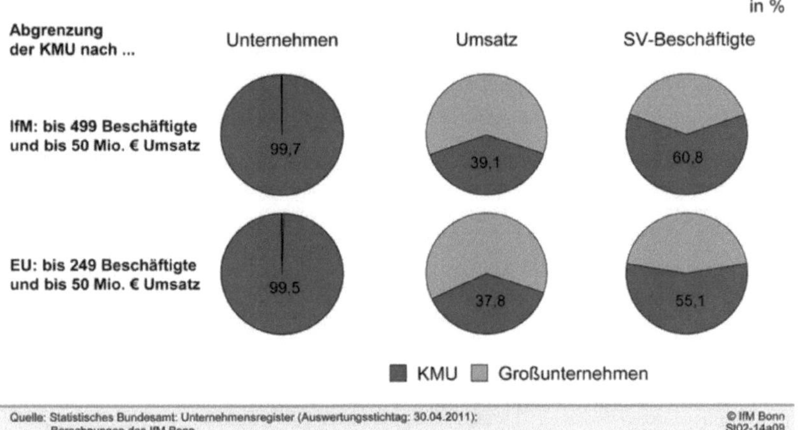

Abb.1: KMU-Anteile in Deutschland[14]

Wendet man den geringen Schwellenwert für die Beschäftigtenanzahl gemäß der EU-Definition für KMU an (bis 249 Beschäftigte und bis 50 Mio. EUR Jahresumsatz), so beläuft sich der KMU-Anteil an der Anzahl der Un-

[13] Vgl. IfM-Institut für Mittelstandsforschung Bonn (2009b).
[14] Vgl. IfM-Institut für Mittelstandsforschung Bonn (2011).

ternehmen gemäß der Wirtschaftszweige Systematik 2008 auf 99,5 Prozent. Diese KMU erwirtschafteten 2006 38,3 Prozent der Umsätze aller Unternehmen und in ihnen waren 55 Prozent aller sozialversicherungspflichtig Beschäftigten tätig.

Im Rahmen der vorliegenden Forschungsarbeit werden Studien aus der KMU-Forschung betrachtet, die beiden Definitionen gerecht werden. KOENIG hebt den Vorteil der quantitativen Unterscheidung mithilfe von Betriebsgrößendifferenzierung hervor.[15] Ebenfalls wird von KUENZLE die verhältnismäßige einfache Erfassbarkeit mit quantitativen KMU-Definitionen positiv dargestellt, da die empirischen Studien sich auf diese Größenklassen beziehen und daher die Auswertungen einfach vorzunehmen sind.[16] Problematisch hingegen wird diese quantitative Betriebsgrößendefinition bei der Betrachtung von verschiedenen Branchen gesehen.[17] Eine Berücksichtigung der Zugehörigkeit zu einem Sektor, bzw. einer Branche findet bei den bisher genannten Abgrenzungen nicht statt. Aufgrund unterschiedlicher Gegebenheiten zwischen den Branchen ist eine Abgrenzung jedoch sinnvoll:

- Banken werden anhand der Bilanzsumme abgegrenzt und nicht anhand des Umsatzes.
- Von Branche zu Branche können der Kapitaleinsatz und die Produktivität der Mitarbeiter stark voneinander abweichen. Beispielsweise erwirtschaftet ein Handelsunternehmen mit z. B. 15 Mitarbeitern durch den Warenumschlag einen viel höheren Pro Kopf Umsatz als ein Dienstleistungsunternehmen in der Reinigungsbranche (geringe Lohnkosten und relativ geringer Kapitaleinsatz).

[15] Vgl. Koenig (2004), S. 28.
[16] Vgl. Kuenzle (2005), S. 8.
[17] Vgl. Bekmeier-Feuerhahn/Wickel (2006), S. 59.; Pfohl (2003), S. 9.; Welter (2003), S. 29 f.

- Unternehmensberater, die auch in der Dienstleistung arbeiten, haben aufgrund der Qualifikation der Mitarbeiter einen sehr hohen Pro-Kopf-Umsatz.
- Kapitalintensive und arbeitsintensive Produktionsverfahren werden nicht berücksichtigt.
- Marktgrößen wie regionale oder internationale Betrachtungen werden nicht berücksichtigt.

In dem Auszug aus „Wirtschaft und Statistik“ von 3/2008 hat das Statistische Bundesamt die Studie „Ausgewählte Ergebnisse für kleine und mittlere Unternehmen in Deutschland 2005“ herausgegeben. Demnach zählen 99 Prozent der Unternehmen zu den KMU und 60 Prozent der Beschäftigten arbeiten in KMU. Demnach erzielen KMU nahezu 35 Prozent aller Umsätze, tätigen 40 Prozent der Bruttoinvestitionen in Sachanlagen und erwirtschaften 46 Prozent der gesamten Bruttowertschöpfung.[18] Eine genaue Auflistung und Zuordnung nach ausgewählten Merkmalen und Wirtschaftsbereichen ist in der nachfolgenden **Abbildung 2** dargestellt.

THÜRBACH/ MENZENWERTH haben ebenfalls eine nach Branchen vorgenommene differenzierte quantitative Abgrenzung von KMU vorgenommen.[19] Die Verbreitung solcher branchenbezogenen Betriebsgrößenabgrenzungen ist jedoch gering.[20] Aufgrund der zunehmenden Verschmelzung von Branchen und Sektoren und der zunehmenden Intensivierung des Interbranchenwettbewerbs wäre eine Zuordnung sinnvoll.[21] Die KMU spielen somit eine bedeutende Rolle in der Volkswirtschaft.

---

[18] Vgl. Statistisches Bundesamt (2008).
[19] Vgl. Thürbach/Menzenwerth (1975), S. 7.
[20] Vgl. Welter (2003), S. 29.; Frey (2002), S. 56 f.
[21] Vgl. Fadaghi (2007), S. 24 f.; Wolf (2004), S. 30.

„Rechnet man den Gesamtbeitrag der mittelständischen Unternehmen und der Haushalte netto, d. h. ihren Bruttobeitrag abzüglich der erhaltenen staatlichen Rückleistungen an die Gruppen, so trägt der Mittelstand netto mehr als 80 Prozent der gesamten öffentlichen Finanzen (Steuern und Sozialabgaben)"[22]

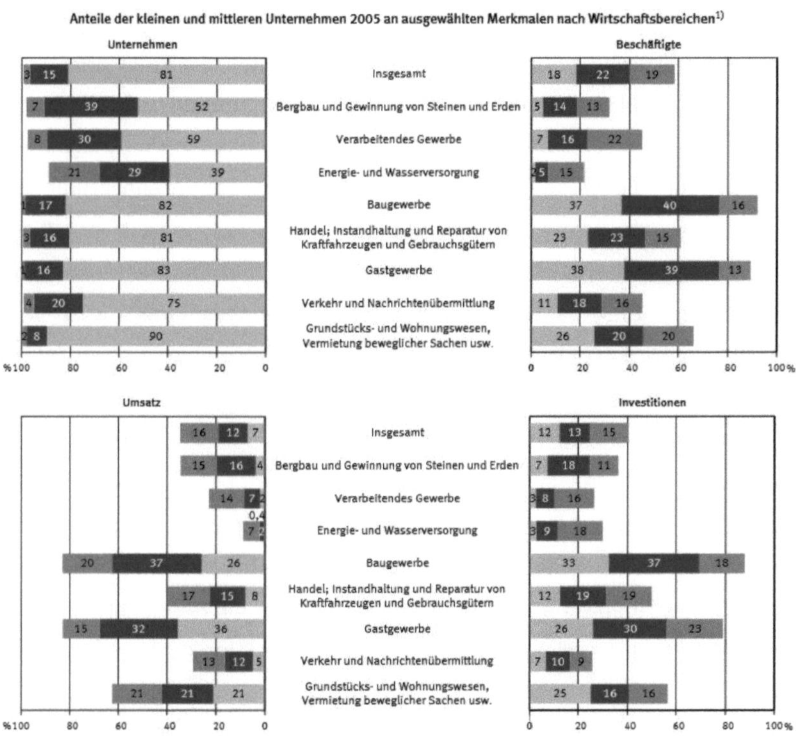

Abb.2: Anteile KMU 2005[23]

[22] Hauser (2000), S. 10.
[23] Statistisches Bundesamt (2008), S. 232.

Bei der qualitativen Betrachtung wird das Augenmerk nicht auf die Betriebsgrößen Wert gelegt, sondern auf die typischen Wesensmerkmale der KMU.[24] In der Literatur findet sich eine Vielzahl unterschiedlicher Charakteristika bei KMU.[25] Nach dem traditionellen Mittelstandsverständnis ist eine enge Verbindung zwischen dem Inhaber und dem Unternehmen charakteristisch. Die Bezeichnung des Mittelstands findet sich in der deutschsprachigen Literatur häufig und wird mit dem Begriff der KMU gleichgesetzt.[26] Es gibt auch Autoren, die dem Mittelstand qualitative Aspekte zusprechen und die KMU als primär statisches Konstrukt sehen.[27] Die Unternehmensleitung bzw. der Eigentümermanager trägt die Verantwortung für die unternehmensrelevanten Entscheidungen die strategisch orientiert sind.[28] KMU sind typischerweise eigentümergeführte Unternehmen. Anhand einer Meta-Analyse einschlägiger Veröffentlichungen wird von PFOHL ein Merkmalskatalog zusammengestellt. Dabei wird eine Unterscheidung in Unternehmensführung, Personal, Forschung&Entwicklung, Beschaffung, Produktion, Absatz, Finanzierung, Logistik und Entsorgung vorgenommen.[29] Der strategische Wandel in einem Unternehmen kann nicht nur auf einzelne Bereiche reduziert werden und betrifft das Gesamtunternehmen. Eine Unterscheidung auf wenige Bereiche bei der Thematisierung des strategischen Wandels wird von PFOHL in der nachfolgenden **Abbildung 3** der qualitativen Merkmale von KMU dargestellt.

[24] Vgl. Reese/Waage (2006), S. 90.
[25] Vgl. Pfohl (2003), S. 16 ff.
[26] Vgl. Bekmeier-Feuerhahn/Wickel (2006), S. 58.; Zaunmüller (2005), S. 24.
[27] Vgl. Günterberg/Wolter (2003), S. 1 ff.
[28] Vgl. Wolter/Hauser (2001), S. 33.
[29] Vgl. Pfohl (2003), S. 18 ff.

Personal	
KMU	**Großbetriebe**
geringe Anzahl von Beschäftigten	hohe Anzahl von Beschäftigten
häufig unbedeutender Anteil von ungelernten und angelernten Arbeitskräften	häufig großer Anteil von ungelernten und angelernten Arbeitskräften
wenige Akademiker beschäftigt	Akademiker in größerem Umfang beschäftigt
überwiegend breites Fachwissen vorhanden	starke Tendenz zum ausgeprägtem Spezialistentum
vergleichsweise hohe Arbeitszufriedenheit	geringe Arbeitszufriedenheit

Unternehmensführung	
KMU	**Großbetriebe**
Eigentümer-Unternehmen	Manager
mangelnde Unternehmensführungskenntnisse	fundierte Unternehmensführungskenntnisse
technisch orientierte Ausbildung	gutes technisches Wissen in Fachabteilungen und Stäben
unzureichendes Informationswesen zur Nutzung vorhandener Flexibilitätsvorteile	ausgebautes formalisiertes Informationswesen
patriarchalische Führung	Führung nach Management-by-Prinzipien
kaum Gruppenentscheidungen	häufig Gruppenentscheidungen
große Bedeutung von Improvisation und Intuition	geringe Bedeutung von Improvisation und Intuition
kaum Planung	umfangreiche Planung
durch Funktionshäufigkeit überlastet; wenn Arbeitsteilung, dann personenbezogen	hochgradig sachbezogene Arbeitsteilung
unmittelbare Teilnahme am Betriebsgeschehen	ferne zum Betriebsgeschehen
geringe Ausgleichsmöglichkeiten bei Fehlentscheidungen	gute Ausgleichsmöglichkeiten bei Fehlentscheidungen
Führungspotential nicht austauschbar	Führungspotential austauschbar

Organisation	
KMU	**Großbetriebe**
auf den Unternehmer ausgerichtetes Einliniensystem, von ihm selbst oder mit Hilfe weniger Führungspersonen bis in die Einzelheiten überschaubar	personenunabhängige an den sachlichen Gegebenheiten orientierte komplexe Organisationsstruktur
Funktionshäufung	Arbeitsteilung
kaum Arbeitsbildung	umfangreiche Arbeitsbildung
kurze direkte Informationswege	vorgeschriebene Informationswege
starke persönliche Bindung	geringe persönliche Bindung
Weisungen und Kontrolle im direkten personenbezogenen Kontakt	formalisierte unpersönliche Weisungs- und Kontrollbeziehungen
Delegation in beschränktem Umfang	Delegation in vielen Bereichen
kaum Koordinationsprobleme	große Koordinationsprobleme
geringer Formalisierungsgrad	hoher Formalisierungsgrad
hohe Flexibilität	geringe Flexibilität

Finanzierung	
KMU	**Großbetriebe**
im Familienbesitz	in der Regel breit gestreuter Besitz
kein Zugang zum anonymen Kapitalmarkt	ungehinderter Zugang zum anonymen Kapitalmarkt, dadurch vielfältige Finanzierungsmöglichkeiten
keine unternehmensindividuelle, kaum allgemeine staatliche Unterstützung in Krisensituationen	Unternehmensindividuelle, staatliche Unterstützung in Krisensituationen wahrscheinlich

Abb.3: Abgrenzungen von KMU zu Großbetrieben[30]

Bei dieser Übersicht handelt es sich um Tendenzaussagen und nicht um universal gültige Spezifika.[31] Hierbei können klassische Wesensmerkmale auch auf beiden Seiten vorkommen. Insgesamt besitzt aber diese qualitative Abgrenzung den Vorteil, dass eine aufschlussreiche Erläuterung der unterschiedlichen Wesenstypen der KMU ermöglicht. Nachteilig ist bei der qualitativen Beschreibung, dass diese nicht immer messbar und somit schwierig empirisch verifizierbar sind.[32]

---

[30] Pfohl (2003), S. 18 ff.
[31] Vgl. Pfohl (2003), S. 15; Analoui/Karami (2003), S. 25.; Müller (2003), S. 30.
[32] Vgl. Kuenzle (2005), S. 9.

2 Essenz von Unternehmertum, das Entrepreneurship

Die etymologischen Wurzeln des Begriffs „Entrepreneurship" befinden sich im Lateinischen und kommen von dem Verb „prehendere", welches mit „etwas unternehmen" übersetzt werden kann. Im Französischen gibt es den Begriff „entreprendre", etwas unternehmen bzw. anstrengen bedeutet. Im 16. Jahrhundert bezeichnet man Glücksritter als Entrepreneure.[33] Seit dem 18. Jahrhundert ist der Begriff des Entrepreneurs fest an unternehmerisches Handeln gebunden.[34]

SCHUMPETER beschreibt den Entrepreneur als den Durchsetzer bzw. Realisierer immer neuer Faktorkombinationen in Form neuer Produkte bzw. neuer Qualität(en) eines bekannten Gutes, neuer Produktionsmethoden, der Erschließung neuer Absatzmärkte, neuer Organisationsformen oder neuer Formen der Beschaffung. Das Konzept von Innovation und Neuartigkeit ist integraler Bestandteil der Definition.[35] CASSON setzt das Vorhandensein von knappen Ressourcen für den Entrepreneur voraus, da es oft am Anfang von jungen Unternehmen in vielen Bereichen fehlt.[36] Für RONSTADT ist Entrepreneurship ein dynamischer Prozess, ausgerichtet auf die stufenweise Schaffung von Vermögen und Wohlstand.[37] TIMMONS sieht im Entrepreneurship einen ganzheitlichen Ansatz im Sinne eines unternehmerischen Wert schaffenden Prozessansatzes. Entrepreneurship wird durch den begrenzten Einsatz von Ressourcen und die Übernahme von persönlichen

---

[33] Vgl. Fallgatter (2002), S. 12.
[34] Vgl. Cantillon (1755/1931).
[35] Vgl. Schumpeter (1934).
[36] Vgl. Casson (1982).
[37] Vgl. Ronstadt (1984).

und finanziellen Risiken, die im Verhältnis zu den Chancen durch den Entrepreneur möglichst genau kalkuliert werden, charakterisiert.[38]

Eines der wesentlichen Elemente für den Entrepreneur ist das Erkennen und Wahrnehmen von unternehmerischen Gelegenheiten. Dies bedeutet auch Risiken zu übernehmen, dies aber üblicherweise mit sorgfältigem Abschätzen und Abwägen im Vorfeld.

Neben diesen Eigenschaften gibt es auch die „Zehn D" als Merkmale von Entrepreneuren.[39]

1. Dream (Traum, Vision),
2. Decisiveness (Entscheidungsfreudigkeit),
3. Doers (Handeln, keine Ausuferung),
4. Determination (Umsetzung des Vorhabens),
5. Dedication (Hingabe zum Vorhaben),
6. Devotion (überzeugte Entrepreneure),
7. Details (Aufmerksamkeit bis ins Detail),
8. Destiny (fester Glaube),
9. Dollar (Geld als Maßstab für Erfolg),
10. Distribute (Verantwortung, Eigentum und Erfolg teilen).

Diese zehn Eigenschaften werden populärwissenschaftlich als Voraussetzung für einen Entrepreneur erwartet. Sollten diese Eigenschaften nicht vorhanden sein, handelt es sich nicht um einen „Unternehmer", sondern eher um einen „Verwalter". Diese Eigenschaften sollen auch in den offenen

[38] Vgl. Timmons/Spinelli (1999).
[39] Vgl. Bygrave (1994).

Fragen der empirischen Untersuchung erfragt werden, um hier auch einen Zusammenhang zum Unternehmenserfolg festzustellen.

Häufig wird auch der Begriff des *Entrepreneurial Spirit* genannt, welcher unternehmerische Eigenschaften wie Innovationskraft, Dynamik, Kreativität, Tatkraft und Überzeugungsvermögen beinhaltet. Entrepreneurship lässt sich, wie erwähnt, auch als Entdeckung, Beurteilung und Ausnutzung von Geschäftsmöglichkeiten beschreiben. Mit wachsender Größe und zunehmender Etablierung am Markt verliert oft das innovative Element an Bedeutung. Hier greift die Notwendigkeit ein Unternehmen zu managen, wobei die Entrepreneure auch koordinierende und verwaltende Tätigkeiten übernehmen sollen. Management bedeutet dann Gestalten, Lenken und Entwickeln zweckorientierter soziotechnischer Institutionen.[40]

Zusammenfassend gibt es in den Definitionen von Entrepreneurship folgende charakteristische Elemente:

1. Innovation und Neuartigkeit,
2. Ressourcengewinnung und Gründung eines Unternehmens, einer Organisation,
3. Identifikation und Nutzung von unternehmerischen Gelegenheiten,
4. Gewinnorientierung unter Berücksichtigung von angemessenen Risiken und Unsicherheiten.[41]

Daher ist die Betrachtung des Entrepreneurs in Startups wichtig, da die interviewten Unternehmer eine langfristige unternehmerische Perspektive mit ihrem Geschäftskonzept planen.

---

[40] Vgl. Ulrich (1984).
[41] Vgl. Dollinger (2003).

3 Die Bedeutung der Unternehmensplanung in KMU

Die Unternehmensplanung ist eine Querschnittsfunktion und betrifft mit unterschiedlichen Intensitäten alle Geschäfts- und Funktionsbereiche in einem Unternehmen. Es handelt sich nach KREIKEBAUM um eine zukunftsbezogene Tätigkeit von unterschiedlichen Planungsverantwortlichen in einer Organisation und hat das prägende Merkmal einer umfassenden, vollkommenen und gemeinsamen Abstimmung.[42] Die Unternehmensplanung wird auch als gedankliche Vorbereitung zielgerichteter Entscheidungen bzw. Entscheidungshandlungen und umfasst so das Ziel, die Entscheidung und die Umsetzung.[43]

Die Entscheidungsträger müssen ihre Planungsaktivitäten und die Handlungsempfehlungen auswählen, um Aufgaben für die einzelnen Hierarchien zu stellen. Dabei orientiert sich die Unternehmensführung an den Strukturen, die in dem Kompetenzbereich liegen. Die Unternehmensführung ist eng mit der Tätigkeit des Planens verbunden, um das Risiko von Fehlentscheidungen zu minimieren, Handlungsspielräume zur Verhinderung von Zeit- und Sachzwängen zu schaffen, Komplexität zu reduzieren, Verhaltensweisen zu stabilisieren und die Integration von Einzelentscheidungen in den Gesamtplan bei gleichzeitiger Berücksichtigung von Handlungsinterdependenzen zu erreichen.[44]

Unternehmer nutzen die Unternehmensplanung auch als Werkzeug für die Übertragung ihrer Absichten bei dem Willensbildungsprozess.[45] Bei dieser Betrachtung werden sowohl die eigenen Absichten und Wertvorstellungen

[42] Vgl. Kreikebaum (1997).
[43] Vgl. Wöhe (2002).
[44] Vgl. Wild (1974).
[45] Vgl. Fluri/Ulrich (1995).

als auch die Grundeinstellungen des Unternehmens geformt. Die Erwartungshaltung des Unternehmers wird dabei auch mit den Erwartungen der Kapitalgeber abgestimmt.[46] Daraus entsteht dann auch die Unternehmenspolitik, in der auch die Grundsätze des Unternehmens abgebildet sind. Dabei werden auch die übergeordneten Ziele des Unternehmens, die Verhaltensprinzipien der Mitarbeiter, die Abgrenzung zum Absatzmarkt und die Identifizierung der betrieblichen Leistung berücksichtigt. In diesem Umfeld der Unternehmenspolitik findet die Unternehmensplanung statt, siehe **Abbildung 4**.

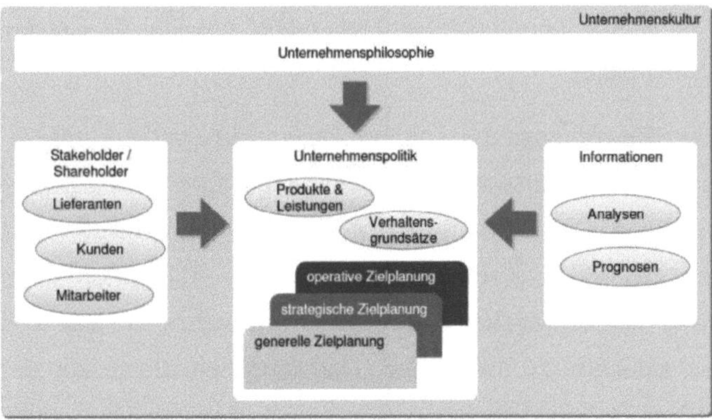

Abb.4: Die Unternehmensplanung[47]

Die Unternehmensplanung stellt daher die Bildung und Abstimmung von Unternehmenszielen mit den dazugehörigen Handlungsalternativen dar. Das Unternehmensziel stellt den gewünschten Zustand des Unternehmens in der Zukunft dar. Die Ziele werden in einem Rangverhältnis und Beziehungsgeflecht untereinander gesetzt. Die Konkretisierung der Ziele

[46] Vgl. Wöhe (2002).
[47] Welge/Al-Laham (1999).

und die Ausprägungsmerkmale werden in der Operationalisierung umgesetzt.[48] Der Gegenstandsbereich der Unternehmensplanung fokussiert sich auf die technologischen, ökonomischen, sozialen und ökologischen Dimensionen, siehe **Abbildung 5**.

Technologische Dimension	Ökonomische Dimension	Soziale Dimension	Ökologische Dimension
Denken in Mengen und Zeiten	Denken in Werten	Denken in Bedürfnissen und Rollen	Denken in Umwelteinwirkungen
– Probleme der Leistungsfähigkeit • quantitative Kapazität • qualitative Kapazität • Elastizität	– Probleme der Preise • am Beschaffungsmarkt • am Absatzmarkt • im Unternehmen (innerbetriebliche Verrechnungspreise)	– Probleme der Motivation (Wollen) • extrinsisch • intrinsisch	– Probleme der prozeßbezogenen Umweltbelastungen • inputseitig (Verbrauch natürlicher Ressourcen) • outputseitig (Abgabe von Emissionen, Abwässern und Abfällen)
– Probleme der Leistungsbereitschaft • Störanfälligkeit • Benutzerfreundlichkeit (Einsatzfreundlichkeit)	– Probleme von Umsatz und Kosten • Marktposition und -wachstum • Probleme von Ein- und Auszahlungen • Kostenarten, -stellen und -träger • Kostenrelevanz von Prozessen	– Probleme der Rolle ("Dürfen oder Müssen") • Verhaltenserwartungen im Unternehmen • Verhaltenserwartungen in der Gesellschaft gegenüber dem Unternehmen	– Probleme der produktbezogenen Umweltbelastungen • in der Phase des Produktgebrauchs/ -verbrauchs • in der Phase der Produktentsorgung
– Produktivität – Durchlaufzeit – Kapazitätsauslastung	– Liquidität – Erfolg (Rentabilität) – Erfolgspotential	– Zufriedenheit der Mitarbeiter – langfristige Erhaltung der Gesundheit der Mitarbeiter – Erfüllung von Ansprüchen der externen Anspruchsgruppen	– Umweltverträglichkeit in allen Phasen des ökologischen Produktlebenszykluses

Abb.5: Dimensionen von Planung und Kontrolle[49]

Im Bereich der *technologischen Dimension* wird ein Denken in Mengen und Zeit gefordert, bei der *ökonomischen Dimension* ein Denken in Werten. Die *soziale Dimension* erfordert ein Denken in Bedürfnissen und Rollen der Mitarbeiter sowie der Ansprüche der relevanten Anspruchsgruppen. Bei der *ökologischen Dimension* wird das Umweltbewusstsein betrachtet. Alle vier Teilbereiche bilden die Basis für die strategische Ausrichtung der Zielbildung.

[48] Vgl. Welge/Al-Laham (1999).
[49] Pfohl/Stölzle (1997), S. 85.

Die Aufgaben der Planung können sich in einem Prozess darstellen lassen. Dieser Prozess kann auch als *Willensbildungsprozess* nach WILD bezeichnet werden.[50] In diesem Prozess, der in der **Abbildung 6** dargestellt wird, werden einzelne Phasen durchlaufen, wobei es zu Vor- oder Rückkoppelungen kommen kann. Dieser Managementzyklus hat die drei Hauptphasen Willensbildung, Willensdurchsetzung und Willenssicherung.

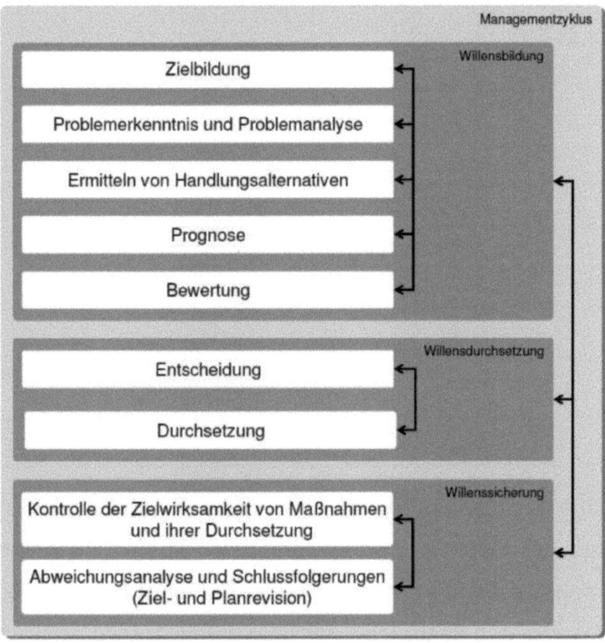

Abb.6: Der Willensbildungsprozess[51]

Die erste Phase der Willensbildung entsteht aufgrund eines auslösenden Ereignisses und führt zur Analyse und Bewertung der Einflussfaktoren. Die Analyse stellt auch die Grundlage für die Benennung der Planungsziele.

[50] Vgl. Wild (1974).
[51] Wild (1974).

Hierfür werden u. a. die PEST-Analyse oder SWOT-Analyse vorgeschlagen. Wenn die Analyse korrekt vorgenommen wurde, werden die Handlungsalternativen ermittelt und erste Planungsszenarien entworfen. Nach der Betrachtung der Handlungsalternativen und den fundierten Kenntnissen werden eine Bewertung und eine Entscheidung vorgenommen. Bei der Willensdurchsetzung wird die Entscheidung vor der Durchsetzung vorausgesetzt. Damit die Planung so effizient wie möglich ist, muss der Planungsprozess formalisiert und standardisiert werden. Dadurch wird die Verlässlichkeit gewährleistet und die Durchlaufzeit optimiert. Hierbei muss aber auch die Dokumentation der Ergebnisse erfolgen, damit der Unternehmer und die Planungsverantwortlichen verlässliche Daten haben.

Bei der **strategischen Planung**, die letztendlich der Effektivität eines Unternehmens dient, sollen Erfolgspotenziale geschaffen werden. Die **operative Planung** soll die Effizienz des Unternehmens verbessern, wobei dann die Erfolgspotenziale genutzt werden.[52] Die strategische Unternehmensplanung stellt einen Prozess dar, indem eine rationale Analyse der aktuellen Situation, der potenziellen Möglichkeiten zur Formulierung der Strategien, Absichten, Ziele und Maßnahmen führt. Dabei sollen die Ressourcen optimal eingesetzt werden.[53] Bei der Durchführung der Planung müssen verschiedene Kriterien festgelegt werden, anhand derer man auch sehen kann, ob es sich um eine strategische oder eine operative Planung handelt. Dabei werden Kriterien festgelegt, wie z. B.:

- Planungsverantwortliche,
- Reichweite,
- Unsicherheitsgrad,

[52] Vgl. Gälweiler (1986).
[53] Vgl. Kreikebaum/Grimm (1978).

- Einflussgrößen,
- Planungshorizont,
- Informationsbezug,
- Detailgrad,
- Spanne des Einflusses.[54]

Wenn die Unternehmensplanung vorgenommen wird, müssen die Ebenen festgelegt werden. Generell wird zwischen der strategischen, der taktischen und der operativen Ebene unterschieden. Diese Ebenen werden oft auf Hierarchiestrukturen verteilt und bilden so ein Strukturierungskriterium für Planungs- und Kontrollebenen.[55]

Die strategischen und operativen Ebenen lassen sich oft einfach zuordnen, wobei die taktischen Ebenen unterschiedlich gehandhabt werden. In der **Tabelle 3** werden die einzelnen Ebenen mit jeweiligen Merkmalen dargestellt. Bei der Aufstellung der einzelnen Unternehmenspläne ist eine Koordination unabdingbar. Ziel muss es sein, dass der strategischen Ebene ein Maß an Kreativität und Innovation und der operativen Ebene ein Maß an Durchsetzbarkeit Rechnung getragen wird.[56] Die Umsetzung dieser Unternehmensplanung wird oftmals so zugeordnet, dass der Unternehmensführung die strategische Planung, der Abteilungsebene die taktische Planung und der Gruppenebene die operative Planung zugeordnet wird.

[54] Vgl. Steiner (1971).
[55] Vgl. Welge/Al-Laham (1992).; Homburg (1991).
[56] Vgl. Naumann (1992), S. 189-190.

Planungsebene	strategisch taktisch operativ
Merkmale	
Entscheidungsobjekt	
- Differenziertheit - Gültigkeit - Fristigkeit - Revidierbarkeit - Häufigkeit der Planerstellung - Formalisierung	gering (Gesamtplan) ----------> groß (Teilplan) generell ----------> speziell langfristig ----------> kurzfristig gering ----------> groß selten ----------> oft gering ----------> groß
Entscheidungsstruktur	
- Problemstruktur - Komplexität - Bestimmtheit - Detailliertheit - Entscheidungsfreiheit	schlecht-definiert ----------> wohl-definiert hoch ----------> niedrig gering ----------> groß gering ----------> groß hoch ----------> niedrig
Entscheidungsprozeß	
- Bedeutung von Normen - Programmierbarkeit	groß ----------> gering nicht möglich ----------> teilweise möglich
Entscheidungsträger	
- Hierarchieebene - Delegierbarkeit	obere Führungsebene ----------> mittlere und untere Führungsebene gering ----------> groß

Tab.2: Charakterisierung verschiedener Planungsebenen[57]

Die strategische Planung zielt darauf ab, mit erster Priorität Strategien zu entwickeln, ohne ein allzu großes Schwergewicht auf deren Umsetzung zu legen.[58] Die Thematik strategischer Planung rückte durch die Folge von Trendbrüchen, wie z. B. die der Ölkrise stärker in den Fokus.[59] Vor diesen Trendbrüchen beschäftigte man sich vorrangig mit der Vergangenheit, danach mit der Zukunft und somit auch mit der Betrachtung von Chancen und Risiken. Strategische Planung war somit die Antwort auf neue Herausforderungen, wie generelle Umbrüche, Konjunkturschwankungen und technologische Veränderungen.[60] Es geht u.a. darum, die Entwicklungen der

[57] Pfohl/Stölzle (1997), S. 87.
[58] Keuper (2001), S. 24.
[59] Bea/Haas (2001), S. 12.
[60] Vgl. Hungenberg (2001), S. 46.

relevanten Umwelt zu verstehen und diese auch erklären zu können. Betont werden die Strategieentwicklung und die –formulierung z. B. durch darauf spezialisierte Planungsstäbe. Diese sind in der Lage für vorgegebene Ziele Strategien zu entwickeln.[61]

Für die Durchführung der strategischen Planung ist der Unternehmer bzw. das Management verantwortlich. Diese können oft die Entscheidungen gerade in Startups, wo der Geschäftsführer oft der Eigentümer ist, eigenständig treffen. Dabei kann es vorkommen, dass die Informationen oft vage sind und somit auch zu Unsicherheiten in den Entscheidungen führen können. Gerade auch dann, wenn externe Quellen herangezogen werden. Durch den geringen Detaillierungsgrad kann das oft wieder aufgefangen werden. Insgesamt kann es aber zu subjektiven oder auch intuitiven Entscheidungen kommen. Die strategische Planung stammt ursprünglich aus dem Controlling und der Budgetierung in Großunternehmen, weil die Größe eine Planung und Steuerung der Wertschöpfungsprozesse bedingt hat. Die Ressourcen mussten richtig verteilt werden, um dadurch die Steuerung des Unternehmens mit Kennzahlen zu optimieren.[62] Controlling ist Bestandteil des Führungssystems und muss mit den Führungs-, Organisations- und Informationssystemen zusammenarbeiten. Mit dem Controlling wird die Planung, Steuerung und Kontrolle des Startups unterstützt, indem Analysen und Vergleiche erstellt werden. Eventuelle Korrekturmaßnahmen leiten sich daraus ab. Das Controlling dient auch der Überwachung der Leistung der Unternehmensbereiche. Mit diesen Erkenntnissen können auch Vergleiche mit z. B. den Wettbewerbern vorgenommen werden. Mit der Planung und der einhergehenden Prognose kam in den vergangenen Jahren die Erkenntnis, dass aufgrund des stetig wachsenden Marktes die

[61] Vgl. Welge/Al-Laham (1999), S. 9 f.
[62] Vgl. Hax/Majluf (1991).

Trendexpolation als Beispiel nicht zuverlässig genug war. Die Umweltbedingungen gerade bei Startups bedingen, dass gerade hier die strategische Planung flexibel gestaltet werden muss. Diese Entwicklung führte u. a. in den 1970er Jahren dazu, dass von General Electric das Konzept der Branchensegmentierung eingeführt wurde. Diese strategischen Geschäftseinheiten (SGE) wurden in den Unternehmen gebildet, um für jede Geschäftseinheit individuell zu steuern.[63] Es sollte damit auch eine Handlungsempfehlung abgegeben werden, um Wettbewerbsvorteile in den Unternehmen dauerhaft zu sichern. PORTER legte hierzu drei Normstrategien, die Kostenführerschaft, die Differenzierung und die Konzentration auf die Schwerpunkte fest, um den Wettbewerbsdruck entgegen zu treten.[64] Die Idee, die dahinter steckte, war die Strategien präzise auszugestalten, um somit die Reichweite und den Einflussbereich der strategischen Entscheidungen klarer werden zu lassen. Strategische Entscheidungen können dadurch weiterführend in alle untergeordneten Bereiche fortgeschrieben werden, um eine Ursache-Wirkungs-Nutzen-Kette zu erhalten. Die Formulierung von mehreren Szenarien gibt den Entscheidungsträgern die Möglichkeit Vor- und Nachteile in die Strategiebestimmung einfließen zu lassen. Eine Übersicht zu diesen Strategien geben LISGES/SCHÜBBE, siehe **Abbildung 7**.

[63] Vgl. Hax/Majluf (1991).
[64] Vgl. Porter (1999).

Strategiegruppe	Strategie
Marketingstrategien	Markterschließung
	Export vorhandener Produkte
	Marktdurchdringung
	Neue Produkte / Neue Märkte
	Neue Produkte / Vorhandene Märkte
	Vorhandene Produkte / Neue Märkte
Integrationsstrategien	Rückwärtsintegration
	Vorwärtsintegration
Auslandsstrategien	Aufbau einer Geschäftseinheit im Ausland
	Ausbau von Produktionsanlagen im Ausland
	Lizenzvergaben ins Ausland
Logistische Strategien	Kapazitätsausweitung
	Rationalisierung des Marktes
	Rationalisierung der Produktion
	Rationalisierung der Produktlinie
	Rationalisierung des Vertriebs
Effizienzstrategien	Effizienz der Methoden und Funktionen
	Herkömmliche Kostensenkungseffizienz
	Technologische Effizienz
Abschöpfungsstrategien	Auflösen der Geschäftseinheit
	Aufrechterhalten
	Kleine Perle
	Reines Überleben
	Zögern

Abb.7: Auswahl an Unternehmensstrategien[65]

Strategische Planung ist ein in sich geschlossener Prozess, ein Plan, der ständig neuen Entwicklungen und sich den stets verändernden Verhältnissen angepasst wird. Strategische Planung ist aber auch kein Dogma.

In der Literatur setzen sich viele Autoren mit der Thematik strategische Planung auseinander und ordnen dazu auch taktische- und operative Planung mit ein. Strategische Planung steht auf der einen Seite in einem Zusammenhang mit langfristiger Ausrichtung in Bezug auf „Stabilität", kann

[65] Lisges/Schübbe (2007).

aber durchaus auch einen kurzfristigen Charakter haben und sich flexibel der Umwelt anpassen, ohne operativ zu sein. Der Hauptbezug ist in der Wesentlichkeit und Signifikanz zu sehen, als die zu einer zeitlichen Vorgabe. Die langfristige Planung dient in erster Linie der Sicherung der Effektivität des Unternehmens, wohin gegen die operative Planung der Effizienz dient.[66]

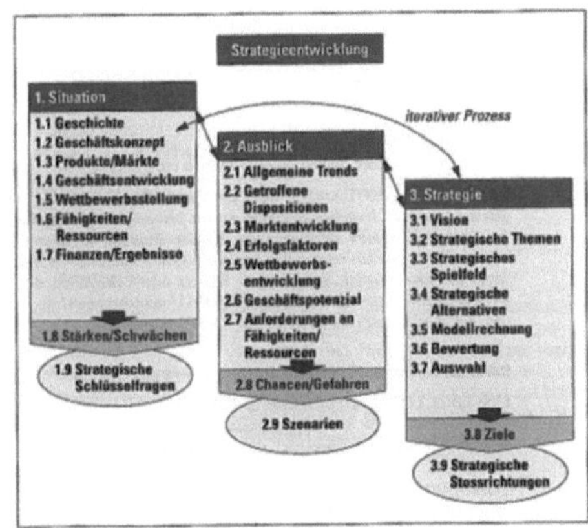

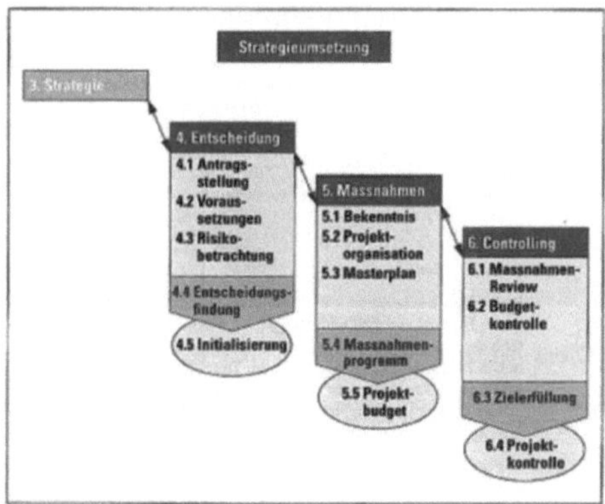

Abb.8: Strategieentwicklung und Strategieumsetzung [67]

---

[66] Vgl. Kreikebaum (1997).

[67] Lombriser et al. (2007), S. 42-43.

Die **Abbildung 8** ist eine systematische Anleitung zur Entwicklung und Umsetzung einer KMU-Strategie, die anhand einer Studie erstellt wurde. In der Praxis werden die einzelnen Schritte meist iterativ behandelt, das heißt, die Schritte werden zwar der Reihe nach behandelt und jeweils provisorisch abgeschlossen, aber spätere Schritte können zu neuen Erkenntnissen führen und Veränderungen bei früheren Schritten erfordern.

Die **Organisation der Planung** wird im Unternehmen von dem Unternehmer oder Management festgelegt. Bei festen Planungszyklen gibt es einen Zeitpunkt im Geschäftsjahr, wo die Planung beginnt und endet. Hierbei wird oft eine Absatzplanung vorgenommen und anschließend die Produktionsplanung und Finanzplanung. Nach dieser Planungsphase werden die Plan-Daten für das Unternehmen festgelegt. Bei einer rollierenden Planung werden regelmäßige Aktivitäten, wie die Überprüfung der Plan-Werte und daraus resultierend die Anpassung vorgenommen. Welche Vorgehensweise gewählt wird, hängt von der Unternehmensstruktur und des Planungsverantwortlichen ab. Die organisatorischen Gegebenheiten bestimmen das Verfahren und die Umsetzung ist in allen Unternehmensbereichen zu gewährleisten.[68] Bei der Betrachtung der strategischen und der operativen Planung muss beides miteinander verbunden und in eine zeitliche Abfolge gebracht werden. Bei der Umsetzung im Unternehmen gibt es drei Hauptebenen, die Unternehmens-/Geschäftsführung, die Geschäftsbereichsleitung oder Leiter der strategischen Geschäftseinheit und den Funktionsbereichsleitern. Welcher Mitarbeiter mit welchen Planungsaufgaben betraut wird, hängt von der Bedeutung seiner Position und der daraus resultierenden Bedeutung für den Fortbestand des Unternehmens ab. Die Mitarbeiter mit Planungsaufgaben müssen auch Entscheidungsbefugnisse innehaben,

[68] Vgl. Wild (1974).

um keine Diskussionen über Zuständigkeiten und Verantwortung aufkommen zu lassen. Planer und Entscheider sollten ein und dieselbe Person sein. Dabei können Planungsgremien oder auch der Controller unterstützen. In der obersten Hierarchieebene wird die strategische Unternehmensplanung vorgenommen, die strategischen Teilpläne und die operative Planung in den unteren Hierarchieebenen. Innerhalb der Geschäfts- und Funktionsbereiche müssen Ziele und Pläne abgestimmt werden und ein Informationsaustausch stattfinden. Diese Abstimmung erfolgt sowohl vertikal als auch horizontal.[69]

Bei der **operativen Planung** werden auch Ziele verfolgt, die auf der strategischen Planung aufbauen. Hauptunterscheidungskriterium ist hier die kurz- und mittelfristige Betrachtung im Gesamtunternehmen. Bei der operativen Planung geht es vorrangig um konkrete Maßnahmen, Aktionen und Operationen. Daher ist bei der Formulierung der strategischen Maßnahmen und Ziele auf folgende Punkte zu achten:

- *Leistungsfähigkeit* der operativen Einheiten berücksichtigen, um die Umsetzung und Realisierbarkeit zu erreichen.
- Auf die Organisation zugeschnittene *Strategien* anstatt pauschale Zielvorgaben.
- Antizipation der *Kopplungsprobleme*.
- Vorgabe der wichtigsten *Maßnahmen* für die Umsetzung in den operativen Einheiten.
- *Partizipative Planung*, wobei die Kommunikation nach oben und nach unten in der Hierarchie erfolgen muss.[70]

---

[69] Vgl. Kreikebaum (1997).
[70] Vgl. Kreikebaum (1997).

Bei der Implementierung einer Strategie schlagen WELGE/AL-LAHAM die Bildung von abgrenzbaren Aufgabenbereichen vor, damit die Umsetzung der strategischen Maßnahmen begünstigt wird. Mit der Aufgabenteilung sind auch leichter Schwächen zu ermitteln. In der sachorientierten Strategieumsetzung und der Konkretisierung von der Strategie in die operativen Pläne als auch die Ausrichtung der Erfolgsfaktoren müssen diese Aufgabenbereiche berücksichtigt werden. Die Unternehmenskultur, die Organisationskultur, das Management und das Personal werden berücksichtigt um die Strategieakzeptanz für die Förderung des Implementierungs-prozess zu gewährleisten.[71]

[71] Vgl. Welge/Al-Laham (1999).

4 Der Stand der Forschung zum Bereich der Strategischen Ausrichtung von Startups

Lässt sich strategisches Verhalten, strategisches Controlling bzw. strategische Unternehmensplanung in KMU bzw. Startups erklärend darstellen? Gibt es Unterschiede beim Vergleich zu Großunternehmen? Kann folgende Kernaussage getroffen werden?

Unternehmen, die eine strategische Unternehmensplanung durchführen und ein strategisches Controlling einsetzen, sind erfolgreicher als Unternehmen ohne strategische Unternehmensplanung und strategisches Controlling.

BRACKER/PEARSON führten eine wichtige Studie bei 188 kleinen amerikanischen Reinigungsunternehmen zur strategischen Planung in KMU durch und verwendeten acht Planungselemente: Zielsetzung. Analyse der Umwelt, SWOT, Formulierung einer Strategie, Finanzziele, Budget, operative Leistungskennziffern und Kontrolle. Sie stellten vier Planungsebenen fest, strukturierte strategische Planung, die strukturierte operative Planung, die intuitive Planung und die unstrukturierte Planung. Sie stellten fest, dass nur 18 Prozent der untersuchten Firmen eine strukturierte strategische Planung durchführten und 20 Prozent hatten keinerlei Planungsaktivitäten.[72]

PIEST sieht bei den 154 niederländischen Kleinunternehmen einen Zusammenhang zwischen der Komplexität der Strategien und dem Planungsumfang. Strategische Entscheidungen werden gesammelt und ausgewer-

[72] Vgl. Bracker/Pearson (1986).

tet. Seine Hypothese ist, dass die Komplexität der Strategie direkt vom Planungsumfang abhängt. Komplexe Strategien erfordern eine umfangreiche Vorarbeit, Koordination und Kontrolle.[73]

SEGEV entdeckt ein Verhaltensmuster zwischen Strategieprozess und Strategieinhalt. Der *entrepreneurial mode* wird vom Prospektor und der *adaptive mode* vom Reaktor verwendet.[74]

ROBINSON/PEARCE sehen einen positiven Zusammenhang zwischen der Unternehmensperformance und der Unternehmensplanung.[75] Auch SEXTON/VAN AUKEN eruierten diesen positiven Zusammenhang. Ebenfalls wird ermittelt, dass ein Mangel an Planung ein wichtiger Grund des Scheiterns von Unternehmens darstellt.[76]

NAFFZIGER/KURATKO und SHUMAN et al ermittelten in Ihren Studien, dass in kleinen Unternehmen die formale Planung eine Verbesserung des Entscheidungsprozesses fördert.[77]

ROBINSON/PEARCE sehen keinen Zusammenhang zwischen dem Formalisierungsgrad einer Planung und dem strategischen Entscheidungsprozess. Für sie ist der strategische Entscheidungsprozess aufgeteilt in die Elemente: Risikobeurteilung mit Umweltscanning, Formulierung von Zielen, Definition von Kompetenzen, Allokation der finanziellen und physischen Ressourcen, Verantwortlichkeiten festlegen, Implementierungskontrolle.[78]

---

[73] Vgl. Piest (1994).
[74] Vgl. Segev (1987).
[75] Vgl. Robinson/Pearce (1984).
[76] Vgl. Sexton/van Auken (1985).
[77] Vgl. Naffziger/Kuratko (1991).
[78] Vgl. Robinson/Pearce (1983).

CHICHA/JULIEN betrachteten 90 kanadische Unternehmen mit 5 bis 200 Mitarbeitern und ermittelten, dass die Unternehmer die strategische Analyse auf die ihrer Entwicklung beeinflussenden Umweltveränderungen fokussieren. Die Unternehmen mit Schwierigkeiten betrachteten das gesamte Umfeld auf der Suche nach Lösungen. Die Strategie wird mit Masse durch den Unternehmer integriert, der auch die Personalführung und Produktionsleitung neben der Geschäftsführung ausübt. Die Unternehmen planten maximal 2 Jahre und dann vorrangig die Produktentwicklung.[79]

LYLES et al. begutachteten die Beziehung zwischen Planungsformalismus, Strategischer Entscheidungsprozess, Inhalt der Strategie und die Unternehmensperformance. Bei den 188 Unternehmen waren 117 nicht-formale Planer und 71 formale Planer. Bei fünf der sechs Dimensionen wurde bestätigt, dass die Formalisierung einen Einfluss auf die Entscheidungsprozesse ausübt. Planer haben oftmals eine größere Auswahl an strategischen Alternativen. Sie formulieren auf oft kooperative Strategien. Die Planer können im Umsatz auch stärker wachsen wie die Nicht-Planer.[80]

ACKELSBERG/ARLOW untersuchten 135 kleinere Unternehmen und belegten, dass die 105 Unternehmen die planen, den nicht planenden Unternehmen überlegen sind. Höhere Gewinne haben die Planer zu verzeichnen. Analytische Elemente wie Stärken und Schwächen Analyse, Bewertung von Plänen und Alternativen und auch die Revision derselben führte zu einer höherem finanziellen Performance.[81]

---

[79] Vgl. Chicha/Julien (1981, 1983).
[80] Vgl. Lyles et al. (1993), S. 47 ff.
[81] Vgl. Ackelsberg/Arlow (1985).

ORPEN stellt bezeichnend fest, dass die Qualität der Planung ein entscheidender Faktor für die finanzielle Performance ist und Unternehmer mit einer längeren Erfahrung in der Anwendung von Planung ebenfalls erfolgreich sind.[82]

RAMANUJAM/VENKATRAMAN untersuchten 207 nordamerikanische Unternehmen mit Indikatoren von Umsatz-/Gewinnwachstum Marktanteile, ROI. Die High-Performance Unternehmen bestätigten, dass die Planungen die Erwartungen auch erfüllten.[83]

WAALEWIJIN/SEGAAR untersuchten 200 niederländische Unternehmen und fanden vier Entwicklungsstufen für das strategische Management: Budgetierung mit Zielen, Finanzplanung über mehrere Jahre, Betonung der externen Umwelt und strategisches Denken auf allen Ebenen. 21 Unternehmen verfolgten die strategische Planung und hatten einen signifikanten Erfolg.[84]

KROPFBERGER betrachtete 262 mittelständische Unternehmen mit 50 bis 500 Mitarbeitern und ermittelte, dass zwar 51 Prozent Budgets planen, 49 Prozent Einjahrespläne und 27 Prozent Mehrjahrespläne haben, jedoch nur 26 Prozent keine Ahnung über die Entwicklung der derzeitigen Märkte, 44 Prozent keine Ahnung vom Wettbewerber und 40 Prozent keine Ahnung haben wie auf alles zukünftige reagiert und bearbeitet werden kann.[85]

In der STRATOS-Studie wurden 1.172 kleine und mittlere Unternehmen aus (Belgien, Deutschland, Finnland, Frankreich, Großbritannien, Niederlande, Österreich, Schweiz) auf deren Werte, Ziele und Strategien untersucht. 31 Prozent führten eine Marktdurchdringungsstrategie, 27 Prozent

---

[82] Vgl. Orpen (1985).
[83] Vgl. Ramanujam/Venkatraman (1987), S. 23.
[84] Vgl. Waalewijin/Segaar (1993).
[85] Vgl. Kropfberger (1986).

eine Produktentwicklungsstrategie, 15 Prozent eine Marktentwicklungsstrategie und 27 Prozent eine Diversifikationsstrategie durch. 12,7 Prozent machen eine strategische Planung, 33,6 eine langfristige Planung, 30,8 eine Kurzfristplanung und 23,4 Prozent planen gar nicht. Die Planung steigt mit der Unternehmensgröße.[86]

BUSSIEK konstatiert, dass 27 Prozent der untersuchten kleinen Unternehmen klare Ziele haben und nur 15 Prozent führen eine Planung durch, 15 Prozent haben keine Planung und die restlichen Unternehmen haben Überlegungen aber nichts schriftlich fixiert.[87]

HAEUSSLEIN betrachtete 39 deutsche KMU und kam zu dem Ergebnis, dass die formale strategische Planung Unternehmer befähigt, dass die Wettbewerbsposition, die Kapazitätsauslastung und der Innovationsgrad gut beurteilt werden können.[88]

LINDSAY/RUE ermittelten, dass die Komplexität der Umwelt und instabile Unternehmen formale Planungsprozeduren einführen müssen. Das externe Umfeld ist der bedeutendste Einflussfaktor auf die Planung und der Performance.[89]

BRACKER et al. betrachteten 73 Inhabergeführte junge Unternehmen und sehen in den strukturierten strategischen Planern den erfolgreichsten Planungstypen in wachsenden Industrien. Genau genommen ist die sophistizierte strategische Planung in kleinen Unternehmen ein wichtiges Instrument in dynamischen prosperierenden Industrien.[90]

[86] Vgl. STRATOS (1988).
[87] Vgl. Bussiek (1980).
[88] Vgl. Haeusslein (1993).
[89] Vgl. Lindsay/Rue (1980).
[90] Vgl. Bracker/Keats/Pearson (1988).

SHRADER et al. untersuchten 97 in kleinen Unternehmen die Beziehung zwischen der Performance und der strategischen Planung. 65 Unternehmen sind nicht-formale Planer, 8 Unternehmen planten ein wenig und 24 Unternehmer planten extensiv formal. Sie ermittelten, dass kleine Unternehmen lieber operativ planen.[91]

RISSEEUW/MASUREL betrachteten 1.211 kleine niederländische Unternehmen aus dem Dienstleistungssektor. Sie stellten ebenfalls fest, dass mit der Zunahme der Umweltkomplexität auch die Planungsintensität zunimmt. Mit der Unternehmensgröße steigert sich auch die Intensität der Planung.[92]

Die HTW AALEN untersuchte 631 KMU nach der strategischen Planung. Annähernd 85 Prozent der befragten Unternehmen halten die Strategische Unternehmensplanung unbedingt für sehr sinnvoll. Die befragten Unternehmen sehen zu über 42 Prozent die Strategische Unternehmensplanung als einen der wesentlichen Erfolgsfaktoren für ein erfolgreiches mittelständisches Unternehmen. Hinderungsgründe für die Nichtdurchführung der strategischen Planung ist bei 31,3 Prozent der Unternehmen die Zeit, bei 29,2 Prozent wird die Notwendigkeit nicht gesehen. 12,5 Prozent gaben fehlende Ressourcen an, 10,4 Prozent finden es zu komplex und 8,3 Prozent sehen Kostengründe als Hinderungsgrund. [93]

Die TU CLAUSTHAL/HAUFE AKADEMIE befragte 4.000 Unternehmen. Unternehmensstrategien haben in den Augen des deutschen Mittelstands eine hohe Relevanz für den Unternehmenserfolg, existieren aber überwiegend nur in den Köpfen der Unternehmensleitung. Es wird nur unzureichend schriftlich fixiert. Strategien werden für das Gesamtunternehmen

[91] Vgl. Shrader et al. (1989).
[92] Vgl. Risseeuw/Masurel (1994).
[93] HTW Aalen (2007).

nur selten und unvollständig durch alle Hierarchieebenen des Unternehmens abgeleitet. Dieser Zwiespalt zwischen theoretischem und praktischem Stellenwert von Unternehmensstrategien spiegelt sich auch im Verhältnis des Mittelstands zu den verbreiteten Instrumenten und Methoden des strategischen Handelns wieder, siehe **Abbildung 9**.

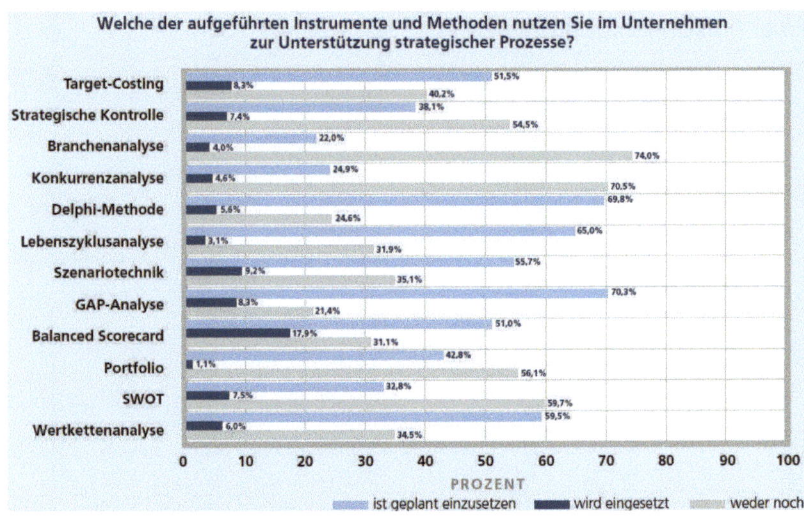

Abb.9: Nutzung strategischer Methoden und Instrumente [94]

MC KINSEY befragte über 5.000 Unternehmen nach Erfolgsrezepten für profitables Wachstum, 600 Unternehmen beantworteten die Fragebögen. Eine Kernaussage hierbei war: „Zu viel Bauch, zu wenig Strategische Planung". Weitere Erkenntnisse waren, dass es keinen Mangel an Methoden der Strategischen Planung gibt. Das Problem liegt oft in der Frage nach dem „gewusst wie?" In vielen KMU ist der Prozess der Strategischen Planung nicht definiert und vielen Unternehmen fällt es schwer, die für ihre

[94] TU Clausthal/Haufe Akademie (2007).

Situation relevanten Informationen auszuwählen und die passenden Methoden verfügbar zu machen.[95]

Eine ergründende Fallstudien-Analyse dessen, wie junge erfolgreiche KMU in den jeweiligen Dimensionen strategisch planen können, steht demnach noch aus.[96] Hieraus lässt sich eine Forschungslücke von gleichzeitig hoher Praxisrelevanz ableiten.

---

[95] ZWF Berliner Kreis-Mitteilungen, Jahrgang 101, (2006) - 3.; McKinsey/WHU/Universität Bremen, (2005).

[96] Vgl. Wild (1974), S. 2.

5 Aktuelle Tendenzen und Entwicklungen bei KMU

Die Notwendigkeit für die vorliegende Forschungsarbeit zeigt sich in den Entwicklungen, die in der Wirtschaft aktuell zu verzeichnen sind.

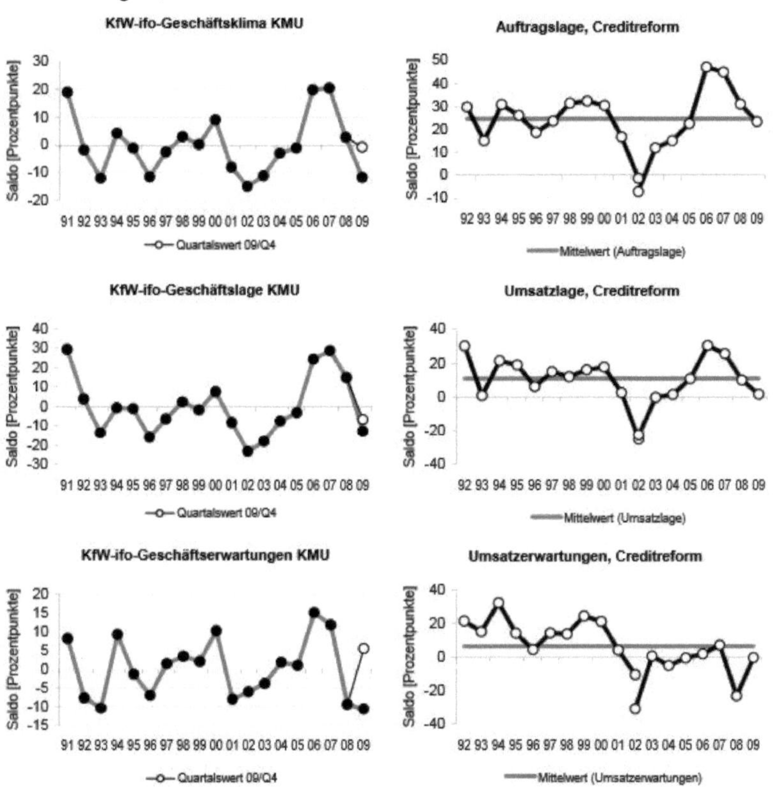

Quelle: KfW-ifo, Berechnungen KfW; Creditreform, Dezemberumfrage (ab 2002, davor Septemberumfrage).

Abb.10: Mittelstandspezifische Konjunkturindikatoren[97]

Der Verband der Vereine Creditreform, das IfM-Bonn, das RWI-Essen, sowie das ZEW geben aufgrund der Initiative der KfW-Bankengruppe

[97] MittelstandsMonitor (2010), S. 26.

jährlich mit dem „MittelstandsMonitor“ einen Bericht über die Konjunktur- und Strukturdaten der KMU heraus. Hierbei werden rund 4.000 Unternehmen aus dem Verarbeitenden Gewerbe, Bau, Handel und Dienstleistungen zur Lage im Mittelstand befragt, siehe **Abbildung 10**. Bei dieser Analyse wird unter dem Mittelstand Unternehmen mit bis zu 500 Mitarbeitern und einer Umsatzhöhe von max. 50 Mio. EUR verstanden. Es werden auch keine Tochterunternehmen von Großunternehmen befragt. Der Schwerpunkt liegt auf kleine KMU mit max. 50 Mitarbeitern. Im MittelstandsMonitor 2010 werden die aktuellen Mittelstandspezifischen Konjunkturindikatoren für die KMU die in der Forschungsarbeit behandelt werden dargestellt.

Hiermit wird deutlich dargestellt, dass sich die Stimmung in den KMU verschlechtert hat. Das wird auch durch die Konjunkturindikatoren der beteiligten Institute belegt. Das Geschäftsklima bei den KMU verlor im Durchschnitt im Jahre 2009 minus11,7 Saldenpunkten, die Prognosen zur aktuellen Geschäftslage der KMU liegen bei minus12,7 Punkten und die Geschäftserwartungen der KMU liegen bei minus10,7 Saldenpunkten.

Der kräftige Abschwung betrifft alle Wirtschaftsbereiche. In dem Fazit im MittelstandsMonitor werden Maßnahmen in dieser Rezessionsphase vorgeschlagen bzw. besprochen. Der Mittelstand muss Sparmaßnahmen durchführen, aber dennoch Investitionen durch Ersatz- und Rationalisierungsinvestitionen vornehmen, um mit seinen Produktionsanlagen auf aktuellen Stand zu sein. Ebenfalls versuchen viele Unternehmen, dass Fachpersonal auch in der Krise zu halten. Konkrete Vorschläge, um dieser negativen Entwicklung entgegen zu wirken, gibt es nicht. Daher bietet die vorliegende Arbeit einen Ansatzpunkt für Startups.

Im zweiten Quartal 2009 führte das Institut für Arbeitsmarkt- und Berufsforschung bei 8.000 Betrieben empirische Untersuchungen in Unternehmen über geeignete Maßnahmen in der Krise durch.[98] Dabei sahen sich 39 Prozent der Betriebe von der Wirtschaftskrise betroffen, 7 Prozent sogar existenziell gefährdet. Zwischen den großen und den kleinen Unternehmen gab es nur geringe Unterschiede:

- Welche Möglichkeiten haben Betriebe, um auf die Krise zu reagieren?

	Kostensenkung durch Umstrukturierung	Erschließen neuer Kundengruppen oder Märkte	Einstellungs-stopp	Kurzarbeit	Kürzungen von Lohn oder Zusatzleistungen, oder Arbeits-zeitreduktion**	Entlassung von Mitarbeitern
	in %					
von der Krise betroffen insgesamt	56	76	83	17	20	11
nach Wirtschaftszweigen – Anteile an allen Betrieben und Verwaltungen, die sich im jeweiligen Sektor betroffen fühlen, Mehrfachnennungen						
Verarbeitendes Gewerbe insgesamt, Energie und Bergbau	56	85	90	38	26	16
Ernährung, Textil, Bekleidung, Möbel*	52	83	91	23	23	13
Holz, Papier, Druck- und Verlagsgewerbe*	62	89	96	33	30	16
Chemie, Kunststoff, Glas, Baustoffe*	56	87	84	33	22	20
Metall, Metallerzeugnisse*	61	87	87	51	29	21
Maschinen, Elektrotechnik, Fahrzeuge*	52	83	91	46	24	14
Handel, Gastgewerbe, Verkehr und Nachrichtenübermittlung	55	72	85	10	21	8
Kredit- und Versicherungsgewerbe, Wirtschaftliche Dienstleistungen	55	86	74	13	16	10
Private, soziale und öffentliche Dienstleistungen	54	71	79	4	21	9
nach Betriebsgröße – Anteile an allen Betrieben und Verwaltungen der jeweiligen Betriebsgröße, die sich betroffen fühlten, Mehrfachnennungen						
bis 10 SV-Beschäftigte	53	74	86	14	19	9
10 bis 49 SV-Beschäftigte	63	84	78	26	24	17
50 bis 249 SV-Beschäftigte	66	82	68	41	29	21
250 und mehr SV-Beschäftigte	62	84	49	55	34	28
nach Umfang der Betroffenenheit – Anteil an allen Betrieben und Verwaltungen in der jeweiligen Betroffenheitskategorie						
existentiell von der Krise betroffen	56	71	85	19	29	24
in Teilbereichen betroffen	55	77	83	17	18	8

* Wirtschaftsbereiche des Verarbeitenden Gewerbes ** Arbeitszeitreduktion unabhängig von Kurzarbeit
Quelle: IAB-Erhebung des gesamtwirtschaftlichen Stellenangebots II/2009. © IAB

Tab.3: Maßnahmen von Betrieben, die sich von der Krise betroffen fühlen[99]

Die Masse der befragten Unternehmen reagiert mit Anpassungen, z. B. über Veränderungen des Personaleinsatzes. Dies kann u. a. durch Kurzarbeit, Lohnkürzungen oder Einstellungsstopps erfolgen und auch Um-

[98] Vgl. IAB (2009), S. 2 f.
[99] IAB (2009), S. 5.

strukturierungsmaßnahmen werden in Betracht gezogen. Neben Sparmaßnahmen kann auch der Blick nach vorne helfen, indem neue Kundengruppen oder Märkte erschlossen werden. Die Anteile der jeweiligen Maßnahmen werden in der **Tabelle 4** aufgezeigt.

Umstrukturierungen und Erschließungen neuer Kundengruppen sowie neuer Märkte erfordern unter Umständen Kapital. Hier fehlt oft die Unterstützung der Banken, da in Krisenzeiten die Banken eine gestiegene Risikoaversion haben.[100] Die Kreditvergabe an Betriebe, die von der Krise betroffen sind, wird restriktiver behandelt als an die Betriebe, die nicht betroffen sind. Dies ist umso mehr problematisch, als Kredite eine Krisenbewältigung unterstützen könnten. Dabei sind vor allem KMU mit begrenzten Eigenmitteln noch stärker betroffen.

Abb.11: Ausgewählte Maßnahmen zur Abwendung negativer Folgen der Wirtschaftskrise[101]

[100] Vgl. Schröder (2009).; BDI (2009a).
[101] KfW/ZEW-Gründungspanel (2010), S. 14.

Im KfW/ZEW-Gründungspanel 2010 wurden 6.000 junge KMU befragt, welche Strategien junge KMU in der Wirtschaftskrise angewendet haben und wie somit der Problematik entgegen getreten wurde. Rund ein Viertel der jüngsten KMU und ein Drittel der zwei bis vierjährigen KMU haben Maßnahmen, welche in der **Abbildung 11** benannt werden, ergriffen.

Die Kundenorientierung ist mit 73,4 Prozent der wichtigste Aspekt, gefolgt von Anpassung an Kunden und Märkte mit 69,8 Prozent und der Sicherstellung der Liquidität mit 63,3 Prozent.

Um die aktuellen Rahmenbedingungen für KMU umfassender zu betrachten und auch hier die Relevanz einer strategischen Planung herauszustellen, müssen die Themenfelder Kurzarbeit, Liquidation und Insolvenz betrachtet werden, da in diesen Krisensituationen oftmals die fehlende strategische Unternehmensplanung eine Ursache ist. Diese Problemfelder betrachten die Historie, wohingegen die Gründungsaktivitäten und die Trendentwicklung die Vorausschaubetrachtung darstellt.

6 Erkenntnisse zu den Gründungsaktivitäten von Startups

Das Gründungsgeschehen in Deutschland verzeichnete in 2009 872.000 Gründungen.[102] Für 2010 wurden 895.000 Gewerbetreibende angemeldet. Dieser Gründungsboom ist sowohl im Gewerberegister (plus 3,1 Prozent gegenüber Vorjahr) als auch im Handelsregister (plus 6,6 Prozent) zu verzeichnen. Das liegt zum einem an den günstigeren Gründungsbedingungen, dem verbesserten Konjunkturumfeld, der weniger restriktiven Unternehmens- und zum anderem an der Gründungsfinanzierung aber auch an den Notgründungen aus der Arbeitslosigkeit. Eine weitere Option ist die Möglichkeit der Gründung einer „Mini-GmbH" der neuen haftungsbeschränkten Unternehmergesellschaft (UG), deren Anzahl sich nach der Creditreform Datenbank auf mittlerweile 43.000 Unternehmen beläuft.[103]

Unternehmensgründungen sind nicht ausschließlich Neugründungen. Wie anhand der nachfolgenden **Abbildung 12** erkennbar ist, fallen unter die Gewerbeanmeldungen auch Übernahmen von bereits bestehenden Unternehmen. Diese Abbildung, „Gründungsstatistik des IfM Bonn",[104] basiert auf der amtlichen Gewerbeanzeigenstatistik und beinhaltet sämtliche zur Existenzgründung führende Gründungen von Kleingewerbetreibenden, Übernahmen und Betriebsgründungen von Hauptniederlassungen. Nebenerwerbsgründungen werden nicht berücksichtigt.[105] Auch wenn bereits bestehende Strukturen vorhanden sind, muss bei der Neuausrichtung eine strategische Unternehmensplanung vorgenommen werden.

[102] KfW-Gründungsmonitor (2010), S. 87.
[103] Creditreform (2010), S. 30 ff.
[104] Vgl. Clemens/Kayser (2001).
[105] Vgl. IfM (2010), S. 34 f.

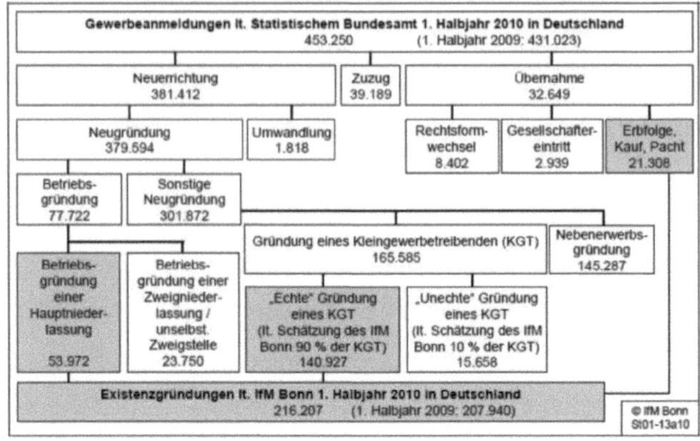

- Rundungsdifferenzen möglich -

1) Ohne Automatenaufsteller und Reisegewerbe. Ohne Freie Berufe.

Quelle: IfM Bonn (Basis: Gewerbeanzeigenstatistik des Statistischen Bundesamtes)

Abb.12: Gewerbeanmeldungen lt. Statistischen Bundesamt 1. Halbjahr 2010 in Deutschland[106]

In der **Tabelle 4** wird eine Zuordnung nach Branchen aufgezeigt, durch welche ersichtlich wird, dass die Masse der Gründungen, insgesamt 61,1 Prozent auf die Dienstleistungsbranche fällt. Daher wird in der Forschungsarbeit auch die Auswahl der jungen KMU aus diesem Feld kommen.

Anhand der Studie „KfW-Gründungsmonitor 2010" sind in 2009 zwischen 20 und 25 Prozent in den ersten drei Jahren gescheitert. Um dieser Scheiter Quote zu entgehen und am Markt zu bestehen, wird von einer Mindestgröße von mind. 10.000 EUR Finanzmitteleinsatz ausgegangen.[107]

Eine andere Analyse von Faktoren, die das Überleben unterstützen, zeigt, dass eine bereits vorhandene Selbstständigkeitserfahrung des Gründers oder der größere Einsatz von finanziellen Mitteln (mehr als 25.000 EUR) die Wahrscheinlichkeit des Fortbestands signifikant erhöhen. Gründer, die

---

[106] IfM (2010), S. 35.

[107] KfW-Gründungsmonitor (2010), S. 87 ff.

sich mit einem Partner, aber ohne Mitarbeiter oder ohne den Einsatz finanzieller Mittel selbstständig machen, scheitern in den meisten Fällen.

	Alle Gründer	Vollerwerb	Nebenerwerb
Gründungsform			
Neugründung	69,2	67,3	70,8
Übernahme	12,6	19,3	6,6
Beteiligung	18,2	13,4	22,6
Branche			
Verarbeitendes Gewerbe	3,2	5,1	1,7
Baugewerbe	6,7	10,8	3,3
Handel	20,3	19,7	20,8
Gastgewerbe	2,8	2,2	3,2
Verkehr, Nachrichtenübermittlung	2,9	4,4	1,6
Versicherungs-, Finanzdienstleistungen	5,0	8,4	2,2
wirtschaftliche Dienstleistungen	28,6	26,5	30,0
persönliche Dienstleistungen	23,7	20,6	26,2
sonstige Branchen (keine Dienstleistungen)	6,9	2,2	11,1
Berufsgruppe			
Freie Berufe	27,6	25,0	29,8
Handwerk	16,7	24,0	10,8
andere Berufsgruppe	55,7	51,1	59,4
Neuheit der Produkte / Dienstleistungen			
keine Marktneuheit	87,5	85,0	89,5
regionale Marktneuheit	8,6	9,8	7,8
deutschlandweite Marktneuheit	1,8	2,4	1,4
weltweite Marktneuheit	2,0	2,8	1,3
Gründungsgröße			
Sologründer ohne Mitarbeiter	55,2	50,2	59,2
Sologründer mit Mitarbeitern	23,4	30,4	17,6
Teamgründer ohne Mitarbeiter	6,7	3,0	9,8
Teamgründer mit Mitarbeitern	14,6	16,4	13,4
Nachrichtl.: Gründungsgröße von Neugründungen			
Sologründer ohne Mitarbeiter	58,9	53,9	63,2
Sologründer mit Mitarbeitern	25,4	29,8	21,4
Teamgründer ohne Mitarbeiter	5,7	3,3	7,8
Teamgründer mit Mitarbeitern	10,0	13,0	7,6

Grafische Darstellungen der Gründungsmerkmale inklusive Konfidenzintervallen finden sich im Anhang (Grafik 20 bis Grafik 25). Den Fußnoten der Grafiken ist zu entnehmen, auf welchen Stichprobengrößen die dargestellten Verteilungen der Gründungsmerkmale beruhen.

Tab.4: Ausgewählte Strukturmerkmale der Gründung 2009 (Anteile in Prozent)[108]

Neu gegründete Unternehmen unterliegen mit dem *„liability of newness"* besonderen Risiken.[109] Dies bedeutet, dass neue Unternehmen oft nicht über die materiellen Ressourcen verfügen und nur geringes Erfahrungswissen über die Produktionsprozesse, Beschaffungs- und Absatzmärkte vorweisen.

[108] KfW-Gründungsmonitor (2010), S. 31.

[109] Vgl. Stinchcombe (1965).

Ein weiteres Phänomen ist die *„liability of adolescence"*.[110] Hier ist ein umgekehrter U-förmiger Verlauf des Sterberisikos zu erkennen. Am Anfang des neu gegründeten Unternehmens ist das Risiko noch relativ gering, da die Startressourcen das Überleben für einen Zeitraum noch gewährleisten.[111] In den ersten Monaten erhöht sich das Risiko des Scheiterns, bevor es im späteren Verlauf wieder stetig abnimmt.

Bei der *„liability of smallness"*[112] wird die Tragfähigkeit von Gründungen im Vergleich zu größeren Unternehmen beschrieben und zeigt, dass kleine Unternehmen unterhalb einer mindestoptimalen Größe Nachteilen gegenüberstehen, wie z. B. beim Akquirieren von Kapital, Ausnutzen von Skalenträgern in der Produktion und bei der Rekrutierung qualifizierter Mitarbeiter.

Wenn man die Gründungsmerkmale analysiert, die im Gründungsmonitor dargestellt sind, siehe **Tabelle 5**, wird schnell deutlich, dass ein hoher Bedarf an Unterstützungsleistungen für strategisches Controlling notwendig ist. Allein 33,9 Prozent der Gründungen sind ungeplant und entstehen aufgrund fehlender Erwerbsalternativen. Das heißt, hier ist der Anteil hoch an fehlendem Geschäftskonzept und Know-how. 28,3 Prozent der Gründer haben keinen Berufsabschluss und 14 Prozent sind unter 24 Jahren und können somit auch keine Berufserfahrung vorweisen.
Auswertungen haben ergeben, das KMU in den ersten Jahren nach der Gründung häufiger mit Planrevisionen konfrontiert sind, da die in der Anfangsphase avisierten Erwartungen zu optimistisch angesetzt waren und die Realität sich oft anders darstellt.[113] Im KfW/ZEW-Gründungspanel 2010

[110] Vgl. Fichman/Levinthal (1991).
[111] Vgl. Brüderl/Schüssler (1990).
[112] Vgl. Aldrich/Auster (1986).
[113] Vgl. KfW/ZEW-Gründungspanel (2010), S. 8 f.

wurden rund 6.000 neu gegründete und junge KMU befragt. Bei der Befragung werden KMU in die Analyse mit einbezogen, die in das Handelsregister eingetragen wurden bzw. auch diejenigen die auf Fremdkapital oder

Handelskredite zurückgegriffen haben oder auf sonstige Weise aktiv in Wirtschaftsprozesse eingebunden sind („wirtschaftsaktive" Unternehmensgründungen).[114]

	Alle Gründer	Vollerwerb	Nebenerwerb	Bevölkerung
Geschlecht				
männlich	61,7	68,7	56,1	50,2
weiblich	38,3	31,3	43,9	49,8
Alter				
18 bis 24 Jahre	14,0	8,5	18,8	14,1
25 bis 34 Jahre	23,6	22,0	24,9	15,6
35 bis 44 Jahre	29,0	32,6	26,2	24,9
45 bis 54 Jahre	21,3	26,0	17,2	26,0
55 bis 64 Jahre	12,0	10,9	12,9	19,3
Staatsbürgerschaft				
schon immer deutsche Staatsbürgerschaft	80,1	77,1	82,4	82,4
eingebürgert oder Spätaussiedler	6,8	9,6	4,5	6,3
EU27-Ausländer	6,5	4,2	8,5	5,1
sonstiger Ausländer	6,6	9,1	4,7	6,3
Berufsabschluss				
Universität	13,8	13,8	13,6	8,8
Fachhochschule, Berufsakademie u. ä.	8,6	9,1	8,4	8,4
Fachschule, Meisterschule	8,4	13,0	4,7	4,1
Lehre, Berufsfachschule	40,8	42,8	39,4	51,6
Kein Berufsabschluss	28,3	21,3	34,0	27,1
Erwerbsstatus				
Angestellter Unternehmensleiter	6,4	6,8	6,0	1,7
leitender / hoch qualifizierter Angestellter	12,6	12,9	12,4	9,8
sonstiger Angestellter	24,9	26,0	23,9	33,9
Beamter	1,9	0,5	3,2	4,1
Facharbeiter	3,4	1,6	5,1	7,2
sonstiger Arbeiter	1,7	1,9	1,5	4,4
selbstständig	10,7	11,3	10,1	8,1
arbeitslos	21,4	28,0	15,0	7,5
Nichterwerbsperson	17,0	11,0	22,9	23,4
Hauptgrund Gründung (Gründungsmotiv)				
Ausnutzung Geschäftsidee	39,2	39,0	39,8	---
fehlende Erwerbsalternativen	33,9	41,5	27,3	---
sonstiger Hauptgrund	26,9	19,5	32,9	---
Region				
Westdeutschland	86,5	83,1	89,3	82,4
Ostdeutschland	13,5	16,9	10,7	17,6
Gemeindegröße				
unter 5.000 Einwohner	15,3	15,6	15,1	15,4
5.000 bis unter 20.000 Einwohner	23,5	22,2	24,3	25,1
20.000 bis unter 100.000 Einwohner	23,2	19,7	25,9	27,5
100.000 bis unter 500.000 Einwohner	18,9	20,7	17,5	15,5
ab 500.000 Einwohner	19,2	21,7	17,3	16,6

Grafische Darstellungen ausgewählter Gründermerkmale inklusive Konfidenzintervallen finden sich im Anhang (Grafik 26 bis Grafik 30). Die Verteilungen der Merkmale Geschlecht, Alter, Staatsbürgerschaft, Berufsabschluss, Region und Gemeindegröße beruhen für Gründer jeweils auf einer Stichprobengröße von n=678, 301, 373 (alle Gründer, Vollerwerb, Nebenerwerb). Die Stichprobengrößen für die Verteilungen der übrigen Merkmale sind die folgenden: n=628, 296, 332 für Erwerbsstatus, n=667, 298, 365 für Gründungsmotiv. Die letzte Tabellenspalte enthält zu Vergleichszwecken (außer für das Merkmal „Gründungsmotiv", das nur für Gründer beobachtbar ist) die Verteilungen der Merkmale für alle antwortenden Personen (Gründer und Nicht-Gründer) des KfW-Gründungsmonitors. Diese Berechnungen beruhen für alle Merkmale mit Ausnahme des Erwerbsstatus (n=9.343) auf n=48.025 Beobachtungen.

Tab.5: Ausgewählte Merkmale der Gründer 2009 (Anteile in Prozent)[115]

[114] Vgl. KfW/ZEW-Gründungspanel (2010), S. V ff.

[115] KfW-Gründungsmonitor (2010), S. 46.

Wie aus der nachfolgenden **Abbildung 13** erkennbar ist, ermittelte das KfW/ZEW-Gründungspanel für einjährige KMU und zwei bis vierjährige KMU, dass im Jahr 2009 insgesamt 21,6 Prozent bzw. 29,3 Prozent aller jungen Unternehmen konkrete Pläne für Mitarbeitereinstellungen nicht umgesetzt haben, 27,5 Prozent bzw. 28,6 Prozent der Unternehmen haben die Investitionspläne revidiert und 28,6 Prozent bzw. 31,5 Prozent haben Innovationsvorhaben nicht umsetzen können.[116]

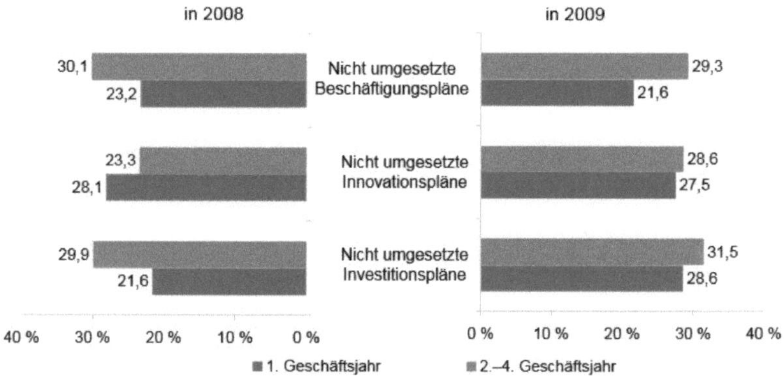

Abb.13: Nicht umgesetzte Beschäftigungs-, Innovations- und Investitionspläne[117]

Ein Zusammenhang mit der Wirtschaftskrise ist durchaus erkennbar. Bei den Beschäftigtenzahlen ist die durchschnittliche Mitarbeiteranzahl gestiegen, hier gab es keinen negativen Einfluss.

Bei der Umsetzung von Innovationsplänen gab es hingegen bei jungen als auch bei älteren Unternehmen einen Rückgang an Innovationsaktivitäten. In 2008 haben die Gründungsunternehmen aus 2007 insgesamt 25 Prozent ihre Innovationspläne nicht umgesetzt, im Jahr 2009 bereits 31

[116] Vgl. KfW/ZEW-Gründungspanel (2010), S. I f.
[117] KfW/ZEW-Gründungspanel (2010), S. 9.

Prozent aus derselben Kohorte. Bei den Investitionsplänen gab es einen deutlichen Anstieg der nicht realisierten Investitionen der KMU im ersten Gründungsjahr.

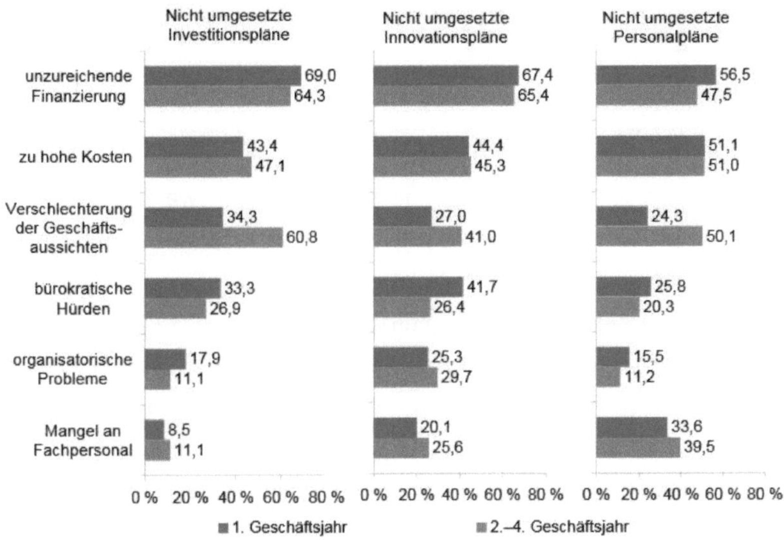

Abb.14: Gründe für die Nicht-Umsetzung von Investitions-, Innovations- und Beschäftigungsplänen im Jahr 2009[118]

Anhand der Auswertungen in der **Abbildung 14** sind auch die Gründe für die notwendigen Planrevisionen von Startups bekannt. Allein 69 Prozent der Gründungskohorten können Investitionen wegen den mangelnden Finanzierungsmöglichkeiten nicht durchführen. Dies ist auch bei den Startups ein Hauptproblem, was mit 64,3 Prozent festgestellt werden kann.

Bei den Befragungen wurde trotz dieser Zurückhaltung ermittelt, dass die jüngsten KMU optimistischer sind wie die zwei bis vier Jahre alten KMU.

118 KfW/ZEW-Gründungspanel (2010), S. 10.

Die Geschäftsaussichten werden von den jüngsten KMU nicht so bewertet wie von den jungen KMU. Weitere Gründe für die Nicht-Umsetzung sind in den hohen Investitionskosten und in den bürokratischen Hürden in Bezug auf langwierige Genehmigungsverfahren zu sehen, Der Mangel an Fachpersonal oder Organisatorische Probleme spielen keine bedeutende Rolle. Die Analyse bestätigt eine hohe Bedeutung ausreichender Finanzierungsmöglichkeiten für strategische Ausrichtungen von Startups.

Weitere Untersuchungen ergaben, dass die Überlebenswahrscheinlichkeit von Unternehmensgründungen positiv beeinflusst wird durch spezifisches Humankapital und Branchenerfahrung.[119] Ein höherer Finanzmitteleinsatz und finanzielle Ressourcen erleichtern das Überleben des Gründungsprojekts.[120] Gründungsprojekte mit einem Finanzmitteleinsatz haben eine um 5 Prozent höhere Überlebenswahrscheinlichkeit wie KMU ohne Finanzmitteleinsatz.[121]

Beratungsangebote für Unternehmensgründer werden von den IHK-Existenzgründerberatern durchgeführt. Im DIHK-Gründerreport 2010 werden 360.000 Kontaktdaten verarbeitet.[122] In der Auswertung der Defizite bei der Unternehmensgründung, siehe **Abbildung 15**, wird deutlich, dass strategisches Controlling und Unternehmensplanung gerade bei Startups wichtig ist.

Im Jahr 2009 haben 53 Prozent der vorgelegten Geschäftskonzepte schwere Mängel gehabt, indem noch nicht einmal das ´Alleinstellungsmerkmal´ deutlich herausgestellt wird. 46 Prozent haben eine vage Vorstellung von ihrer Zielgruppe und 32 Prozent können ihre Produktidee nicht klar beschreiben. Es ist bei den Auswertungen auch deutlich zu erkennen,

---

119 Vgl. Baptista et al. (2007).
120 Vgl. Montgomery et al. (2005).
121 Vgl. MittelstandsMonitor (2010), S. 94 f.
122 Vgl. DIHK (2010), S. 2.

dass Gründungen aus der Arbeitslosigkeit heraus unter einem schlechteren Stern stehen wie die Gründungen aus Berufung zum Unternehmer.[123]

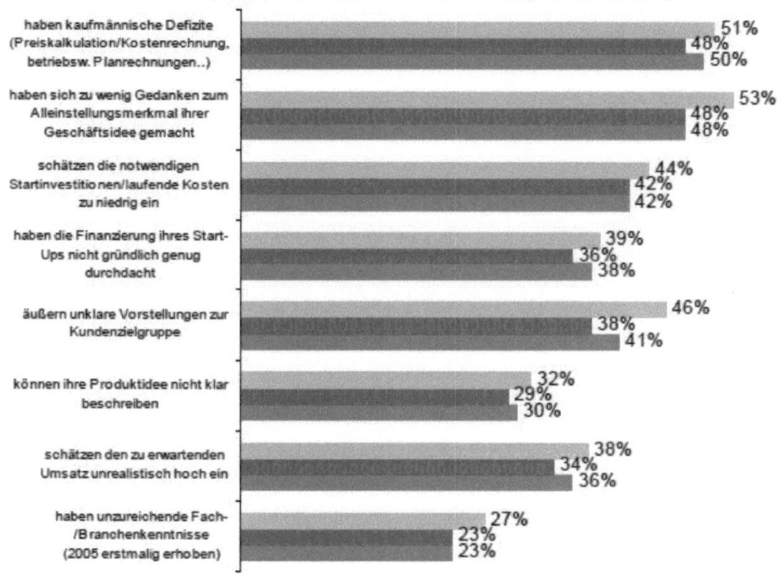

Abb.15: Defizite bei der Unternehmensgründung[124]

[123] Vgl. DIHK (2011), S. 15 f.
[124] DIHK (2010), S. 15.

7 Erkenntnisse zu den Insolvenzgründen von KMU

„Eine Insolvenz bezeichnet eine dauerhafte Zahlungsunfähigkeit oder Überschuldung eines Unternehmens. Mit der Eröffnung eines Insolvenzverfahrens gehen die Verwaltungs- und Verfügungsrechte des bisherigen Unternehmens auf den Insolvenzverwalter über. Auch die Insolvenz ist ein formalrechtlicher Vorgang mit zum Teil unterschiedlichen Regelungen für einzelne Rechtsformen. Eine Unternehmensaufgabe geht damit nicht zwangsläufig einher.“[125]

Unternehmensinsolvenzen haben in den vergangenen Jahren zugenommen. Im Jahr 2010 mussten 32.060 Unternehmen die Insolvenz beantragen, was insgesamt den Verlust von 240.000 Arbeitsplätzen bedeutete.[126] Die Schäden der Insolvenzen gehen in die Milliarden und daher wird die Bedeutung der vorliegenden Forschungsarbeit unterstützt, um die Gefahr der Insolvenz für Startups zu vermeiden.

Bei der Betrachtung der „typischen“ insolventen Unternehmen wird sehr klar deutlich, dass gerade Startups von der Insolvenzgefahr betroffen sind. 69 Prozent der Unternehmen haben einen Umsatz geringer als 10 Mio. EUR, 53 Prozent haben weniger als 50 Mitarbeiter, 82 Prozent sind Inhabergeführt und 35 Prozent sind jünger als 14 Jahre, siehe **Abbildung 16**.

[125] MittelstandsMonitor (2008), S. 48 f.
[126] Vgl. Creditreform (2011), S. 1/12.

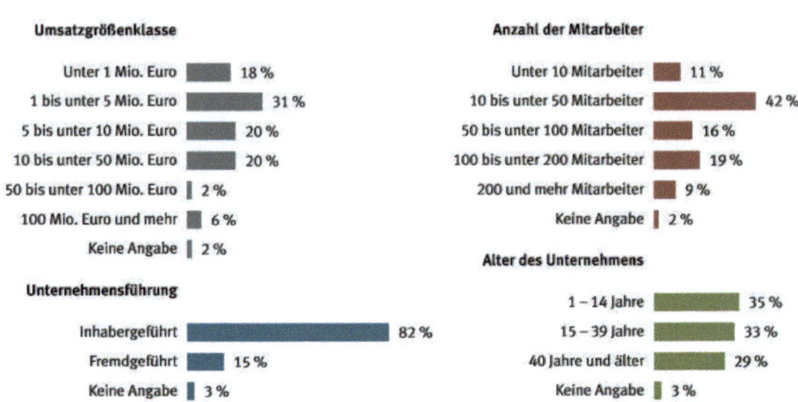

Abb.16: Merkmale der „typischen" insolventen Unternehmen[127]

Dass die insolventen Unternehmen aus allen Branchen kommen wird in der **Abbildung 17** dargestellt.

	Alter des Unternehmens 1 – 14 Jahre	15 – 39 Jahre	40+ Jahre
Verarbeitendes Gewerbe	27	40	72
Baugewerbe	25	15	11
Dienstleistungen	20	28	3
Handel	16	10	14
Übrige Wirtschaftsbereiche	11	5	–
Keine Angaben	–	3	–

Abb.17: Branchen der „typischen" insolventen Unternehmen[128]

Bei der Analyse, warum die Unternehmen Insolvenz beantragt haben, ist ganz klar zu erkennen, dass bei 79 Prozent der Unternehmen das Controlling fehlt. Diese Erkenntnis unterstützt ebenfalls die Notwendigkeit

[127] ZIS Nr. 414 (2006), S. 15.
[128] ZIS Nr. 414 (2006), S. 16.

für die vorliegende Fallstudie, wie man Unternehmer bei Startups befähigen kann, ein strategisches und ein operatives Controlling einzuführen, siehe **Abbildung 18**.

Abb.18: Insolvenzursachen[129]

Bei der Studie von der EULER HERMES Kreditversicherungs-AG wurden 106 Insolvenzverwalter und 69 M&A Berater befragt, welche Maßnahmen gerade für Unternehmen die in eine Insolvenzphase stehen notwendig sind. Dabei wurde deutlich herausgestellt, dass 86 Prozent der Meinung sind, dass ein konsequenter Einsatz von Kostenrechnungs- und Controlling-Instrumenten notwendig ist, siehe **Abbildung 19**.

Bei der Betrachtung zum Thema fehlendes Controlling sahen 81 Prozent der Insolvenzverwalter den Verzicht auf jegliche Unternehmensplanung als Grund für eine Krisensituation. 77 Prozent der Insolvenzverwalter fanden bei den analysierten Unternehmen keine Kostenrechnung und kein

[129] ZIS Nr. 414 (2006), S. 20.

Controlling im Einsatz. Fehlende Transparenz, und Kommunikation sowie eine autoritäre Führung fördert die Krise ebenfalls.[130] Diese Erkenntnisse werden in der nachfolgenden Umsetzung und Implementierung des strategischen Controllings in Startups berücksichtigt.

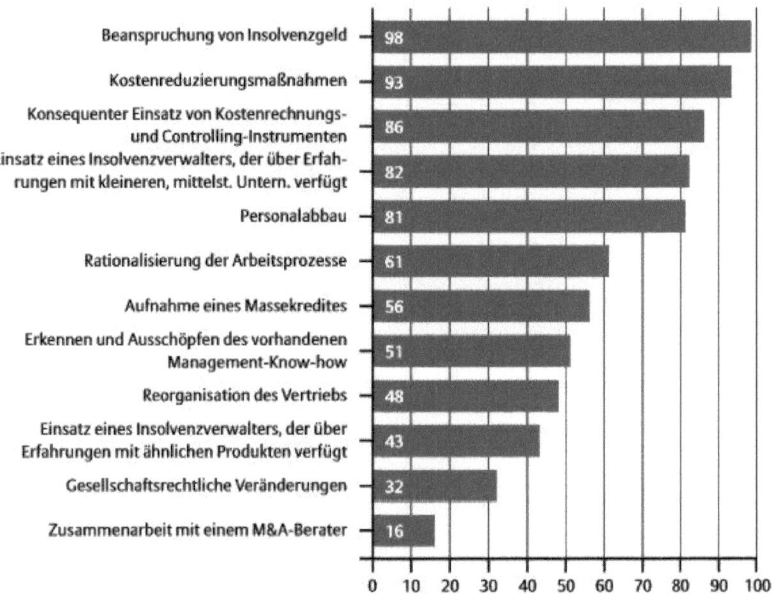

Abb.19: Maßnahmen für die Restrukturierung[131]

[130] ZIS Nr. 414 (2006), S. 20 ff.
[131] ZIS Nr. 418 (2007), S. 11.

8 Herausforderungen für die Startups in der Zukunft

Die Ergebnisse der Online-Mittelstandsberatung vom BDI-Bundesverband der Deutschen Industrie aus dem Herbst 2009 betrachten die Herausforderungen für Startups. Die Online-Erhebung wurde vom BDI, der Ernst&Young GmbH Wirtschaftsprüfungsgesellschaft, der IKB-Deutsche Industrie Bank und dem IfM-Institut für Mittelstandsforschung entwickelt. Zwischen dem 1. September und dem 30. November 2009 wurden knapp 1.500 Unternehmen auf die Herausforderungen an die Unternehmensführung befragt, siehe **Abbildung 20**.

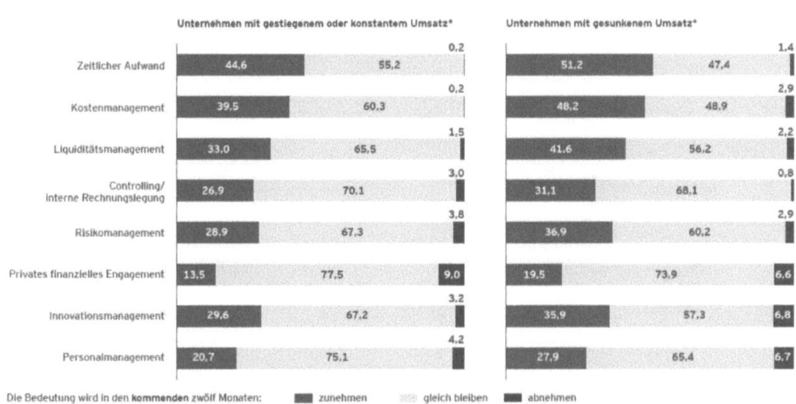

Abb.20: Herausforderungen für die Unternehmensführung in 2010[132]

Bei dieser Befragung wird deutlich, dass die Unternehmen sich verstärkt mit den strategischen Feldern wie z. B. Controlling, Personal-, Finanz- und Innovationsmanagement auseinandersetzen müssen, was auch einen höheren zeitlichen Aufwand erfordert. Diese Krisen- und Wachstumsbedingten Herausforderungen gehören zum Aufgabenkatalog der Unternehmensführung. Ebenfalls wurde ermittelt, dass rund 25 Prozent der Unternehmen

[132] BDI (2009), S. 22.

sich externen Rat über Coaching holten. Beim KfW-Mittelstandspanel 2010 wurden 12.560 mittelständische Unternehmen befragt. Hierbei wird im Gegensatz zum IAB-Betriebspanel und BDI-Mittelstandspanel auch Kleinstunternehmen ausgewählt.[133] Bei der Befragung wurde nach den Herausforderungen für 2012 gefragt. Die KMU sehen die Vertriebs- und Kundenorientierung, Unternehmensstrategie und Umsatz- bzw. Ertragsverbesserungen im Schwerpunkt, siehe **Abbildung 21**. Eine wichtige Erkenntnis ergibt sich auch aus der Tatsache, dass KMU die in der vorangegangenen Krise gut aufgestellt waren seltener vor Herausforderungen stehen.

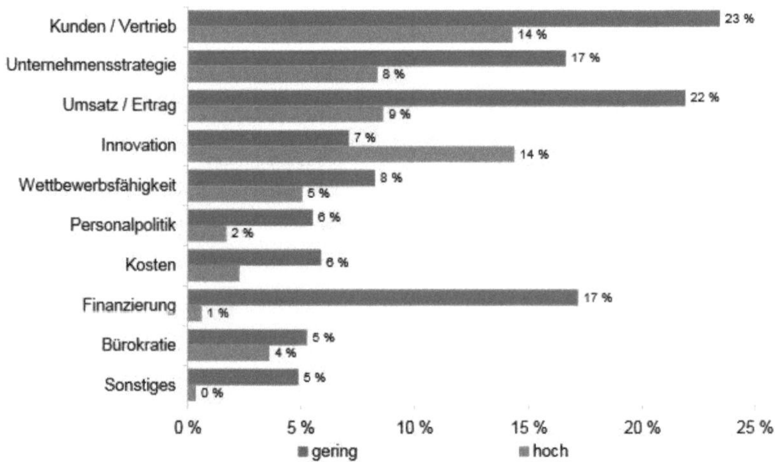

Abb.21: Zukünftige Herausforderungen im Mittelstand nach wirtschaftlicher Leistungsstärke[134]

[133] KfW-Mittelstandspanel (2010), S. 12.
[134] KfW-Mittelstandspanel (2010), S. 50.

9 Hidden Champions als Best-Practice Beispiel für Startups

Hidden Champions sind Unternehmen, die auf der einen Seite in ihrer Branche Europäischer oder Weltmarktführer sind, aber auch auf der anderen Seite von der Öffentlichkeit kaum wahrgenommen werden und daher auch oft unterschätzt werden. Daher werden sie auch als „Die heimlichen Gewinner“[135] oder „Die heimlichen Helden“[136] genannt.

- Können unsere betrachteten Startups in der vorliegenden Forschungsarbeit von diesen kleinen Unternehmen lernen?

Sicherlich sind einige Aspekte, warum diese „Hidden Champions“ so erfolgreich wurden, für die vorliegende Arbeit relevant. SIMON untersuchte in Einzelfallstudien vorrangig mittelständische Unternehmen und ordnete diesen nachfolgenden Kriterien zu:

- KMU mit einem großen Marktanteil und einer Platzierung von 1., 2. oder 3. auf dem Weltmarkt oder die Nummer 1 auf ihrem Heimatkontinent,
- Der Jahresumsatz liegt i.d.R. unter 3 Milliarden EUR,
- In der Öffentlichkeit kaum bekannt.[137]

Die KMU haben sich mit unterschiedlichen Erfolgsfaktoren etabliert. Die Faktoren, die zum Erfolg geführt haben, sind u.a.:

- Spezialisierung bei den Produkten,
- Überwiegend Familienunternehmen,

[135] Vgl. Simon (2007).
[136] Vgl. Schmalholz (2007).
[137] Vgl. Simon (2007).

- Innerer Anspruch auf Erfolg („psychologische Marktführung"),
- Fokus auf Globalisierung,
- Hohe Produktqualität, Wirtschaftlichkeit (Total Cost of Ownership), Liefertreue, Beratung, Kundennähe,
- Hohe Fertigungstiefe und selbst entwickelte Maschinen,
- Verzicht auf Kooperationen,
- Patriarchalische Unternehmenskultur, im operativen teamorientiert,
- Hohe Identifikation der Führungskräfte.

Für die meisten „Hidden Champions" sind die Themen „Visionen, klare Ziele und Strategien" Grundlage ihres Erfolges.

Auswahl typischer Ziele der „Stillen Stars":

- „Unser Ziel ist es die Nr. 1 zu sein und zu bleiben",
- „Wir wollen in unserem Markt weltweit die Besten sein",
- „Wir streben Marktführerschaft an. Das Ziel: beste Qualität zu wettbewerbsfähigen Preisen",
- „Marktführer – sonst nichts",
- „Von Anfang an war das erklärte Ziel, Marktführer zu werden".[138]

Die Marktführerschaft der betrachteten kleinen Unternehmen liegt darin begründet, dass die Nischenstrategie, besonderes Know-how und Innovati-

[138] Simon (2006), S. 51.

onsstärke einen maßgeblichen Anteil an dem Erfolg haben. Die Unbekanntheit dieser Unternehmen steht in einem klaren Widerspruch zu ihrer Leistung und zu ihrer Bedeutung in der Wirtschaft. Die Unternehmen sind oftmals auch Zuliefererbetriebe für Konzerne und haben sich mit ihren Produkten und Dienstleistungen auf einen Bereich fixiert. Bei den Mitarbeitern ist zu verzeichnen, dass es einen niedrigen Krankenstand und eine geringe Fluktuation gibt. Häufig befinden sich die Standorte der Firmen in ländlichen Regionen, was ebenfalls zu einer hohen Identifikation führt. Die Führungskräfte besitzen oftmals starke Persönlichkeiten und verstehen ihre Tätigkeit als eine Einheit von Person und Aufgabe. Diese Führungskräfte sind sehr zielstrebig, furchtlos und begeisterungsfähig, teilweise auch autoritär.

Zusammenfassend kann gesagt werden, dass eine konsequente strategische Ausrichtung und die konzeptionelle Herangehensweise förderlich sind für das Wachstum und die Etablierung von jungen KMU. Daher haben die Ansätze von „Hidden Champions“ auch Vorbildcharakter für junge Unternehmen. Die folgende **Abbildung 22** zeigt den Gesamtansatz der „Hidden Champions“.

Der Unternehmer gibt Visionen und Ziele vor, die oft über Jahrzehnte gehen. Diese Vorgaben werden transformiert in den inneren Kreis. Die Mitarbeiter und die Stärken sind neben der kontinuierlichen Arbeit die Voraussetzung für die Ziele. Anschließend liegt der Fokus auf den äußeren Kreis, wobei die Globale Orientierung, die Kundennähe und der enge Marktfokus die klaren Wettbewerbsvorteile bilden. Die Hidden Champions haben keine Erfolgsformel, sie arbeiten mit gesundem Menschenverstand.[139]

---

[139] Simon/Lippert (2007), S. 15 f.

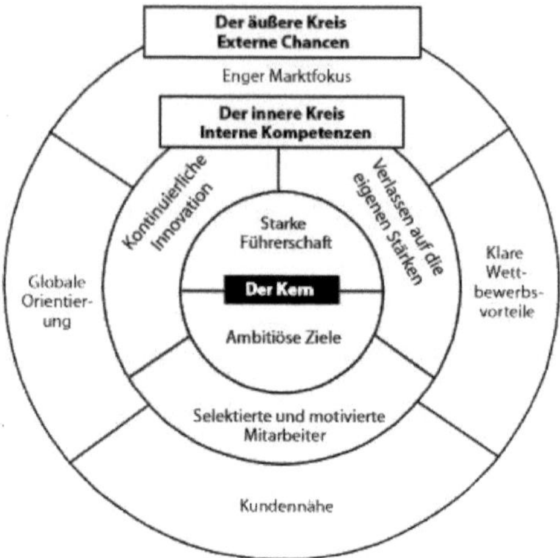

Abb.22: Erfolgsstrategien der Hidden Champions[140]

[140] Simon/Lippert (2007), S. 15.

Quellenverzeichnis

Bücher/Zeitschriften:

Ackelsberg, R./Arlow, P. (1985): Small Business do Plan and it Pays off, Long Range Planning, 18, 5, S. 61-67.

Aldrich, H.E./Auster, E. (1986): Even Dwarfs Started Small – Liabilities of Size and Age and their Strategic Implications, Research in Organizational Behaviour 8, S. 165-198.

Analoui, F./Karami, A. (2003): Strategic Management in small and medium sized enterprises, London.

Baptista, R./Karöz, M./Mendoca, J. (2007): Entrepreneurial Backgrounds, Human Capital and Start-up Success, Jena Economic Research Paper 045, Jena.

Bea, F.X./Haas, J. (2001): Strategisches Management, 3. Auflage, Stuttgart.

Bekmeier-Feuerhahn, S./Wickel, S. (2006): Marketing in kleinen und mittelständischen Unternehmen; in: Martin, A. (Hrsg.): Managementstrategien von kleinen und mittleren Unternehmen: Stand der theoretischen und empirischen Forschung, 1. Auflage, München, S. 57-88.

Bracker, J.S./Pearson, J.N. (1986): Planning and financial performance of small, mature firms, Strategic Management Journal, 7, S. 503-522.

Bracker, J.S./Keats, B.W./Pearson, J.N. (1988): Planning and Financial Performance among Small Firms in a Growth Industry, Strategic Management Journal, 9, S. 591-603.

Brüderl, J. / Preisendörfer, P. / Ziegler, R. (1996): Der Erfolg Neugegründeter Betriebe, Eine empirische Studie zu den Chancen und Risiken von Unternehmensgründungen, 2. erw. Auflage, Berlin.

Brüderl, J./Schüssler, R. (1990): Organizational Mortality, The Liability of Newness and Adolescence, Administrative Science Quarterly 35, S. 530-547.

Bussiek, J. (1980): Bericht zur Mittelstandsenquete, Manager Magazin, 9, S. 43-61.

Bygrave, W.D. (1994): The Portable MBA in Entrepreneurship, Hoboken.

Cantillon, R. (1755/1931): Essai sur la nature du commerce en général, London, deutsche Übersetzung: Abhandlung über die Natur des Handels im Allgemeinen, Jena.

Casson, M. (1982): The Entrepreneur: An Economic Theory, New York.

Chicha, J./Julien, P.A. (1981): La strategie des PME face au changement, Phase I, Cahiers de recherche, no. 81-04, LAPEDIM, Université du Quebec á Trois-Riviérs.

Cooper, A.C. / Gimeno-Gascon, F.J. / Woo, C.Y. (1994): Initial human and financial capital as predictors of new venture performance, in: Journal of Business Venturing, Jg. 9, H. 5, S. 371.

Dollinger, M.J. (2003): Entrepreneurship: strategies and resources, 3. Auflage, New York.

Fadaghi, F. (2007): Complexity in convergence, Band 29, Nummer 3, S. 24-25.

Fallgatter, M.J. (2002): Theorie des Entrepreneurship – Perspektiven zur Erforschung der Entstehung und Entwicklung junger Unternehmen, Wiesbaden.

Fichman, M./Levinthal, D.A. (1991): Honeymoons and the Liability of Adolescence: A New Perspective on Duration Dependence in Social and Organizational Relationships, Academy of Management Review 16, S. 442-468.

Fluri, E./Ulrich, P. (1995): Management. Eine konzentrierte Einführung, Stuttgart.

Frey, U. (2002): Evaluation der Weiterbildung für Klein- und Mittelunternehmen (KMU) aus Anbieter- und Nachfragersicht.

Gälweiler, A. (1986): Unternehmensplanung – Grundlagen und Praxis, Frankfurt am Main.

Günterberg, B./Wolter, H. (2003): Mittelstand in der Gesamtwirtschaft: Anstelle einer Definition; in: Institut für Mittelstandsforschung in Bonn (Hrsg.): Unternehmensgrößenstatistik 2001/2002: Daten und Fakten, IfM-Mat. Nr. 157, Bonn.

Haeusslein, R. (1983): Strategisch Denken, Entscheiden und Handeln in kleinen und mittleren Industrieunternehmen, Regensburg.

Hahn, D./Taylor, B. (2006): Strategische Unternehmensplanung – Strategische Unternehmensführung – Stand und Entwicklungstendenzen, 9. überarbeitete Auflage, Berlin.

Hax, A.C./Majluf, N.S. (1991): Strategisches Management, Frankfurt am Main/New York.

Homburg, C. (1991): Modellgestützte Unternehmensplanung, Wiesbaden.

Hungenberg, H. (2001): Strategisches Management in Unternehmen – Ziele – Prozesse – Verfahren, 2. Auflage, Wiesbaden.

Keuper, F. (2001): Strategisches Management, München.

Kirchhoff, B.A. / Acs, Z.J. (1997): Births and deaths of new firms, Sexton.

Koenig, J. (2004): Ein Informationssystem für das strategische Management in KMU, in: Meyer, J. (Hrsg.): Kleine und mittlere Unternehmen; Band 6, 1. Auflage; Lohmar/Köln.

Kotey, B./Folker, C. (2007): Employee training in SMEs: Effect of size and firm type – family and nonfamily, in: Journal of Small Business Management, Band 45, Nummer 2, S. 214-238.

Kreikebaum, H. (1997): Strategische Unternehmensplanung, 6. Auflage, Stuttgart.

Kreikebaum, H./Grimm, U. (1978): Strategische Unternehmensplanung in der Bundesrepublik Deutschland: Ergebnisse einer empirischen Untersuchung, in: Hahn, D./Taylor, B., S. 857-879.

Kropfberger, D. (1986): Erfolgsmanagement statt Krisenmanagement, Strategisches Management in Mittelbetrieben, Linz.

Kuenzle, A. (2005): Finanzcontrolling in KMU.

Lindsay, W.M./Rue, L.W. (1980): Impact of the Business Environment on the Long-Range Planning Process: A Contingency View, Academy of Management Journal, 23, S. 385-404.

Lisges, G./Schübbe, F. (2007): Personalcontrolling.

Lombriser, R./Abplanalp, P.A./Wernigk, K. (2007); Strategien für KMU – Entwicklung und Umsetzung mit dem KMU*STAR-Navigator, Zürich.

Lyles, M./Baird, I./Orris, B./Kuratko, D. (1993): Formalized Planning in small business increasing strategic choices, Journal of Small Business Management, April, S. 38-50.

Müller, C.A. (2003): (De-) Regulierung und Unternehmertum; St. Gallen.

Naffziger, D./Kuratko, D. (1991): An investigation into the Prevalence of Planning in Small Business, Journal of Business and Entrepreneurship, 3, 2, S. 99-102.

Naumann, C. (1992): Strategische Steuerung und Integrierte Unternehmensplanung, München.

Orpen, C. (1985): The Effects of Long-Range Planning on Small Business Performance: A Further Examination, Journal of Small Business Management, January, 16-23.

Pfohl, H. (2003): Abgrenzung der Klein- und Mittelbetriebe von Großbetrieben, in: Pfohl, H. (Hrsg.): Betriebswirtschaftslehre der Mittel- und Kleinbetriebe: Größenspezifische Probleme und Möglichkeiten zu ihrer Lösung; 4. Auflage; Berlin.

Pfohl, H.C./Stölzle, W. (1997): Planung und Kontrolle, 2. Auflage, München.

Piest, B. (1994): Planning Comprehensiveness and Strategy in SME´s, Small Business Economics, 6, S. 387-395.

Porter, M.E. (1999): Wettbewerbsstrategien: Methoden zur Analyse von Branchen und Konkurrenten, 10. Auflage, Frankfurt am Main.

Ramanujam, V./Venkatraman, N. (1987): Planning and Performance: A new Look at an Old Question, Business Horizons, May-June, S. 19-25.

Reese, J./Waage, M. (2006): Informationsmanagement in kleinen und mittelständischen Unternehmen: Entwicklung, Strategien und Ausblick, in: Martin, A. (Hrsg.): Managementstrategien von kleinen und mittleren Unternehmen: Stand der theoretischen und empirischen Forschung; 1. Auflage, München, S. 89-106.

Risseeuw, P./Masurel, E. (1994): The role of planning in small firms: Empirical evidence from a service industry, in: Small Business Economics, Jg. 6, H. 4, S. 313–322.

Robinson, R.B./Pearce, J.A. (1983): The Impact of Planning on Financial Performance in Small Organizations, Strategic Management Journal 4, S. 197-207.

Robinson, R.B./Pearce, J.A. (1984): Research thrusts in small firm strategic planning, Academy of Management Review 9, S. 128-137.

Ronstadt, R.C. (1984): Entrepreneurship, Text, cases and notes, Dover, MA.

Schröder, M. (2009): Haben wir eine Kreditklemme? ZEW-News, Juli/August, S. 4-6.

Schumpeter, J.A. (1934): Theorie der wirtschaftlichen Entwicklung: eine Untersuchung über Unternehmergewinn, Kapital, Kredit, Zins und den Konjunkturzyklus, 4. Auflage, Leipzig.

Schwarz, E.J. / Grieshuber, E. (2003): Vom Gründungs- zum Jungunternehmen. Eine explorative Analyse. Wien.

Segev, E. (1987): Strategy, strategy making and performance – An empirical investigation, 33, S. 258-269.

Sexton, D.S./van Auken, P.M. (1985): A longitudinal study of small business strategic planning, Journal of Small Business Management, 8, S. 41-51.

Shrader, C./Muldford, C./Blackburn, V. (1989): Strategic and operational planning, uncertainty and performance in small firms, Journal of Small Business Management, October, S. 45-60.

Simon, H. (2006): Erfolgsfaktoren – Was zeichnet die „Stillen Stars" im Mittelstand aus?; in: Praxishandbuch des Mittelstands – Leitfaden für das Management mittelständischer Unternehmen, Wiesbaden.

Simon, H. (2007): Hidden Champions des 21. Jahrhundert – Die Erfolgsstrategien unbekannter Weltmarktführer, Frankfurt am Main.

Stinchcombe, A.L. (1965): Social Structures and Organizations, in: J.G. March (Hrsg.): Handbook of Organizations, Rand Mc Nally, Chicago, S. 142-193.

Thürbach, R./Menzenwerth, H. (1975): Die Entwicklung der Unternehmensgröße in der BRD von 1962 bis 1972: Mittelstandsstatistik, in: Institut für Mittelstandsforschung in Bonn (Hrsg.): Beiträge zur Mittelstandsforschung, Göttingen.

Timmons, J.A./Spinelli, S. (1999): New venture creation. Entrepreneurship for the 21st century. New York.

Ulrich, H. (1984): Management, Bern.

Waalewijin, P./Segaar, P. (1993): Strategic Management: the Key to Profitability in Small Companies, Long Range Planning, 26, 2, S. 24-30.

Welge. M.K./Al-Laham. A. (1992): Planung. Prozesse, Strategien, Maßnahmen, Wiesbaden.

Welge, M.K./Al-Laham, A, (1999): Strategisches Management, Wiesbaden.

Welter, F. (2003): Strategien, KMU und Umfeld – Handlungsmuster und Strategiegenese in kleinen und mittleren Unternehmen, Heft 69, Berlin.

Wild, J. (1974): Grundlagen der Unternehmungsplanung. 3. Auflage.

Wöhe, G. (2002): Einführung in die Allgemeine Betriebswirtschaftslehre, München.

Wolter, H./Hauser, H. (2001): Die Bedeutung des Eigentümerunternehmens in Deutschland: Eine Auseinandersetzung mit qualitativen und quantitativen Definitionen des Mittelstands; in: Institut für Mittelstandsforschung, in: Bonn (Hrsg.); Jahrbuch zur Mittelstandsforschung 1/2001; Wiesbaden, S. 24-77.

Zaunmüller, H. (2005): Anreizsysteme für das Wissensmanagement in KMU.

Broschüren/Internetquellen/sonstige Quellen:

BDI-Bundesverband der Deutschen Industrie (2009): BDI-Mittelstandspanel, Ergebnisse der Online-Mittelstandsbefragung, Herbst 2009.

Clemens, R./Kayser, G. (2001): Existenzgründungsstatistik – Unternehmensgründungsstatistik – Zur Weiterentwicklung der Gründungsstatistik des IfM Bonn, IfM-Materialien Nr. 149, IfM Bonn.

Creditreform (2008): Insolvenzen, Neugründungen und Löschungen, Jahr 2008, Neuss.

Creditreform (2010): Insolvenzen Neugründungen Löschungen, Jahr 2010, Neuss.

Creditreform (2011): Insolvenzen Neugründungen Löschungen I. Halbjahr 2011, Neuss.

DIHK-Deutscher Industrie- und Handelskammertag (2010): Pioniere gesucht – DIHK-Gründerreport 2010 – Zahlen und Einschätzungen der IHK-Organisation zum Gründungsgeschehen in Deutschland, Berlin.

Frank, H. / Keßler, A. / Korunka, C. / Lueger, M. (2002): Von der Gründungsidee zum Unternehmenserfolg. Eine empirische Analyse von Entwicklungsverläufen österreichischer Gründungen. Herausgegeben von BMWA. Online verfügbar unter http://www.bmwfj.gv.at/NR /rdonlyres/680CD993-C774-4CBA84ECC6B1675CEB4D/1242/ EndberichtLngsschnitt.pdf, zuletzt geprüft am 2.03.2009.

Hauser, H.E. (2000): SMEs in Germany, Facts and Figures. http://www.ifm-bonn.org/ergebnis/sme.zip geprüft am 23.11.2002.

HTW Aalen – Hochschule für Technik und Wirtschaft (2007): Strategische Unternehmensplanung in kleinen und mittleren Unternehmen. Online verfügbar unter http://www.ksk-ostalb.de/download/Studie _Planung_in_KMU_2007.pdf, zuletzt geprüft am 02.04.2009.

IAB-Institut für Arbeitsmarkt- und Berufsforschung (2009): IAB-Kurzbericht 18-09, Unternehmensbefragung – Wie Betriebe in der Krise Beschäftigung stützen.

IfM-Institut für Mittelstandsforschung Bonn (2009a): Schlüsselzahlen des Mittelstands in Deutschland 2007. Online verfügbar unter http://www.ifmbonn.org/index.php?id=99, zuletzt geprüft am 07.05.2009.

IfM-Institut für Mittelstandsforschung Bonn (2009b): KMU-Definition des IfM Bonn. Online verfügbar unter http://www.ifm-bonn.org/index.php?id=89, zuletzt geprüft am 09.05.2009.

IfM-Institut für Mittelstandsforschung Bonn (2010): Gründungen und Liquidationen im 1.Halbjahr 2010 in Deutschland und in den Bundesländern, Working Paper 06/10, Bonn.

KfW-Gründungsmonitor (2008): Gründungen in Deutschland: Weniger aber besser – Chancenmotiv rückt in den Vordergrund – Untersuchung zur Entwicklung von Gründungen im Voll- und Nebenerwerb, Frankfurt am Main.

KfW-Gründungsmonitor (2010): Lebhafte Gründungsaktivität in der Krise, Jährliche Analyse von Struktur und Dynamik des Gründungsgeschehens in Deutschland, Frankfurt am Main.

KfW-Mittelstandspanel (2010): Mittelstand: Stabil in der Krise – Auch in Zukunft Leistungsstark durch Innovation, Frankfurt am Main.

KfW-ZEW-Gründungspanel (2010): Aufbruch nach dem Sturm, Junge Unternehmen zwischen Investitionsschwäche und Innovationsstrategie, Jahrgang 3, November 2010, Mannheim.

MittelstandsMonitor (2008): Mittelstand trotz nachlassender Konjunkturdynamik in robuster Verfassung, MittelstandsMonitor 2008 - Jährlicher Bericht zu Konjunktur- und Strukturfragen kleiner und mittlerer Unternehmen, KfW, Creditreform, IfM, RWI, ZEW (Hrsg.), Frankfurt am Main.

MittelstandsMonitor (2010): Konjunkturelle Stabilisierung im Mittelstand – Aber viele Belastungsfaktoren bleiben, Jährlicher Bericht zu Konjunktur- und Strukturfragen kleiner und mittlerer Unternehmen, KfW, Creditreform, IfM, RWI, ZEW (Hrsg.), Frankfurt am Main.

OECD (2002): Small and medium enterprise outlook. Online verfügbar unter http://www.economia.gob.mx/pics/p/p2760/cipi_1GOCDE_ SME_2002.pdf, zuletzt geprüft am 10.04.2009.

Statistische Bundesamt (2008): Wirtschaft und Statistik 3/2008, Ausgewählte Ergebnisse für kleine und mittlere Unternehmen in Deutschland 2005.

STRATOS-Group (1988): Strategic orientation of small European businesses, Aldershot.

TU Clausthal/Haufe Akademie (2007): Mittelstandsstudie zur strategischen Kompetenz von Unternehmen.

ZIS (2006): Wirtschaft konkret – Ursachen von Insolvenzen, Zentrum für Insolvenz und Sanierung an der Universität Mannheim e.V., Nr. 414.

ZIS (2007): Wirtschaft konkret – Rettung aus der Insolvenz, Zentrum für Insolvenz und Sanierung an der Universität Mannheim e.V., Nr. 418.

ZWF Zeitschrift für wirtschaftlichen Fabrikbetrieb (2006): Integration von strategischer Planung in den Mittelstand von NRW. (Ausgabe 101, Nr. 3). Online verfügbar unter http://www.zwfonline.de/web /archiv/get_doc_free.asp?url=get_doc_free.asp&bin_id=20081030142142-126&o_id=20080609145437-49, zuletzt geprüft am 1.05.2009.

EINZELSCHRIFTEN

Georg Baltes
New Perspectives on Supply and Distribution Chain Financing: Case Studies from China and Europe
Lohmar – Köln 2015 • 396 S. • € 66,- (D) • ISBN 978-3-8441-0384-7

Katja Müller
Wertschaffende Kooperationsbeziehungen – Kooperationsbeziehungen im Lean Management analysiert aus einer konstruktivistischen Sicht
Lohmar – Köln 2015 • 364 S. • € 64,- (D) • ISBN 978-3-8441-0385-4

Isabel Arnold
Personalentwicklung von Führungskräften in Zeiten von Change – Eine Betrachtung aus Sicht des systemorientierten Managements
Lohmar – Köln 2015 • 236 S. • € 56,- (D) • ISBN 978-3-8441-0389-2

Ansgar Kernder
Bewertung der Emittentenqualität am Markt für Mittelstandsanleihen – Eine empirische Analyse im Lichte der Prinzipal-Agenten-Theorie
Lohmar – Köln 2015 • 436 S. • € 68,- (D) • ISBN 978-3-8441-0392-2

Anne Kathrin Bischoff
Business Approaches to Poverty Alleviation – A Classification of Company Initiatives
Lohmar – Köln 2014 • 208 S. • € 49,- (D) • ISBN 978-3-8441-0393-9

Andreas Neumeier
Unternehmensbewertung bei Squeeze-out – Eine theoretische und empirische Analyse im Spannungsfeld der Anforderungen von betriebswirtschaftlichen Erkenntnissen, IDW S 1 und Rechtsprechung
Lohmar – Köln 2015 • 284 S. • € 58,- (D) • ISBN 978-3-8441-0394-6

Patrick Siegfried
Trendentwicklung und strategische Ausrichtung von KMUs
Lohmar – Köln 2015 • 88 S. • € 37,- (D) • ISBN 978-3-8441-0395-3

JOSEF EUL VERLAG